2024

Wirtschaftsschule

Original-Prüfungsaufgaben mit Lösungen

Bayern

Mathematik

STARK

26. ergänzte Auflage
www.stark-verlag.de

Inhalt

Abschlussprüfung 2021

Abschlussprüfung 2022

Sobald die Original-Prüfungsaufgaben 2023 freigegeben sind, kannst du sie als PDF auf der Plattform MyStark herunterladen (Zugangscode vgl. Umschlaginnenseite).

PDF-Download

Autorin und Autor:

Lösungen der Abschlussprüfungen: Johann Müller (2018–2022)

PDF-Download:
Lösungen der Abschlussprüfungen: Edith Rullert (2002–2005);
Redaktion (2006–2009); Johann Müller (2010–2017 und 2023)
Musterprüfung und Lösungen der offiziellen Musterprüfung: Johann Müller

Digitale Zusätze

Dein Coach zum Erfolg: Mit dem **Interaktiven Training** kannst du online mit vielen zusätzlichen interaktiven Aufgaben zu allen prüfungsrelevanten Kompetenzbereichen trainieren. Am besten gleich ausprobieren!

Ausführliche Infos inkl. Zugangscode findest du auf der **Umschlaginnenseite**.

Zu den folgenden Themen bietet dir das Buch **Lernvideos** und **GeoGebra-Anwendungen**:

- Dreisatz
- lineare Funktionen
- verschobene Normalparabel
- gestreckte und gestauchte Parabel
- Strahlensätze
- Diagramme in Mathe
- Baumdiagramm
- Exponentialfunktionen

Mit einem **Smartphone/Tablet** kannst du den abgebildeten **QR-Code** scannen und so die Lernvideos starten.

Am **PC** kannst du dir die Lernvideos von der Plattform **MyStark** herunterladen oder über folgenden Link öffnen:

http://qrcode.stark-verlag.de/91501_lernvideos

Um dir die **Prüfung 2023** schnellstmöglich zur Verfügung stellen zu können, bringen wir sie in digitaler Form heraus. Auf die **PDF-Dateien** mit den **Abschlussprüfungen 2002 bis 2017** sowie **2023** kannst du ebenfalls über die Plattform **MyStark** zugreifen.

Hinweise

Liebe Schülerin, lieber Schüler,

mit diesem Buch kannst du dich ideal auf die **Abschlussprüfung** im Fach **Mathematik** vorbereiten. Das Buch enthält die **Original-Abschlussprüfungen** der Jahrgänge 2018–2022. Die **Original-Abschlussprüfungen** der Jahrgänge 2002–2017 und des **Jahrgangs 2023** (nach der Freigabe zur Veröffentlichung) sowie zwei Musterprüfungen sind als PDF-Download verfügbar (Zugangscode auf der Umschlaginnenseite).

Die Abschlussprüfung wird zentral vom Kultusministerium für alle bayerischen Wirtschaftsschulen gestellt. Sie wird in zwei Teile gegliedert:

- ***Prüfungsteil A:*** Aufgabenteil ohne Taschenrechner
  Teil A besteht aus kurzen Aufgaben aus verschiedenen Themengebieten. Teil A ist für alle Schülerinnen und Schüler verpflichtend und muss in 20 Minuten ohne Taschenrechner gelöst werden. Einziges Hilfsmittel ist die zugelassene Merkhilfe.
- ***Prüfungsteil B:*** Aufgabenteil mit allen zugelassenen Hilfsmitteln
  Teil B besteht aus Pflicht- und Wahlaufgaben aus den folgenden fünf Bereichen:

  Pflichtaufgaben:
  1. Aufgabe: Finanzmathematik
  2. Aufgabe: Funktionaler Zusammenhang

  Wahlaufgaben:
  3. Aufgabe: Trigonometrie
  4. Aufgabe: Daten und Zufall
  5. Aufgabe: Figuren- und Raumgeometrie

  Die Pflichtaufgaben (Aufgaben 1 und 2) sind jedes Jahr Teil der Prüfung. Von den drei Wahlaufgaben (Aufgaben 3 bis 5) wählt ein Mitglied des Prüfungsausschusses (in der Regel Fachlehrkraft) zwei Aufgaben zur Bearbeitung aus. Somit müssen vier dieser fünf Aufgaben gelöst werden. Dafür stehen 130 Minuten zur Verfügung. Zugelassene Hilfsmittel sind ein elektronischer, nicht programmierbarer Taschenrechner, die zugelassene Merkhilfe sowie bekannt gegebene Ergänzungen.

Zusammenfassung:
Arbeitszeit: Teil A: 20 Minuten; Teil B: 130 Minuten
insgesamt: 150 Minuten

Zugelassene Hilfsmittel:
elektronischer, nicht programmierbarer Taschenrechner (nur für Teil B!), zugelassene Merkhilfe sowie die bekannt gegebenen Ergänzungen.

Zu allen Aufgaben gibt es in diesem Buch **ausführliche Lösungen**, bei denen besonders auf kleinschrittige und leicht nachvollziehbare Rechenwege Wert gelegt wurde. Die im Buch abgedruckte **Merkhilfe** entspricht der zugelassenen Merkhilfe, die du in der Prüfung verwenden darfst. Um das Üben bestimmter Aufgabentypen zu erleichtern, gibt es ein **Stichwortverzeichnis**, das deren gezieltes Auffinden ermöglicht.

Sollten nach Erscheinen dieses Bandes noch wichtige Änderungen in der Prüfung vom Kultusministerium bekannt gegeben werden, findest du aktuelle Informationen dazu ebenfalls auf der **Plattform MyStark** unter: **www.stark-verlag.de/mystark**

Mit den besten Wünschen für die Prüfung!

Zugelassene Merkhilfe

Algebra

1. Prozent- und Zinsrechnung

$PW = \frac{GW \cdot p}{100}$ $\qquad$ $Z = \frac{K \cdot p \cdot t}{100 \cdot 360}$

2. Binomische Formeln

$(a+b)^2 = a^2 + 2ab + b^2$ $\qquad$ $(a-b)^2 = a^2 - 2ab + b^2$ $\qquad$ $(a+b)\cdot(a-b) = a^2 - b^2$

3. Potenzen (mit a, b ≠ 0)

$a^0 = 1$ $\qquad$ $a^{-n} = \frac{1}{a^n}$ $\qquad$ $a^m \cdot b^m = (a \cdot b)^m$

$a^m \cdot a^n = a^{m+n}$ $\qquad$ $a^m : b^m = (a : b)^m$

$a^m : a^n = a^{m-n}$ $\qquad$ $(a^m)^n = a^{m \cdot n}$

4. Wurzeln (mit a, b > 0)

$\sqrt{a} \cdot \sqrt{b} = \sqrt{a \cdot b}$ $\qquad$ $\sqrt[n]{a} = a^{\frac{1}{n}}$ $\qquad$ $\sqrt[n]{a^m} = a^{\frac{m}{n}}$

$\sqrt{a} : \sqrt{b} = \sqrt{a : b}$

5. Logarithmus (mit a, b > 0 und a ≠ 1)

$a^x = b \Leftrightarrow x = \log_a b$ $\qquad$ $\log_a u^n = n \cdot \log_a u$ $\qquad$ $\lg u^n = n \cdot \lg u$

Funktionen

6. Lineare Funktionen

Normalform

$g: y = m \cdot x + t$

Zweipunkteform

$\frac{y - y_1}{x - x_1} = \frac{y_2 - y_1}{x_2 - x_1}$

Steigung

$m = \frac{y_2 - y_1}{x_2 - x_1}$

$m = \tan\alpha$

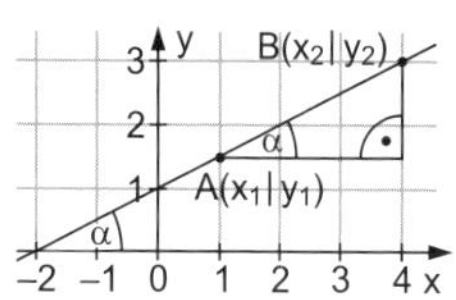

7. Quadratische Gleichungen und Funktionen (mit a ≠ 0)

allgemeine Gleichung

$a \cdot x^2 + b \cdot x + c = 0$

allgemeine Form

$p: y = a \cdot x^2 + b \cdot x + c$

Lösungsformel

$x_{1/2} = \frac{-b \pm \sqrt{b^2 - 4 \cdot a \cdot c}}{2 \cdot a}$

Scheitelform

$p: y = a \cdot (x - x_S)^2 + y_S$

Scheitelpunktkoordinaten

$S(x_S \mid y_S) = S\left(-\frac{b}{2 \cdot a} \,\middle|\, c - \frac{b^2}{4 \cdot a}\right)$

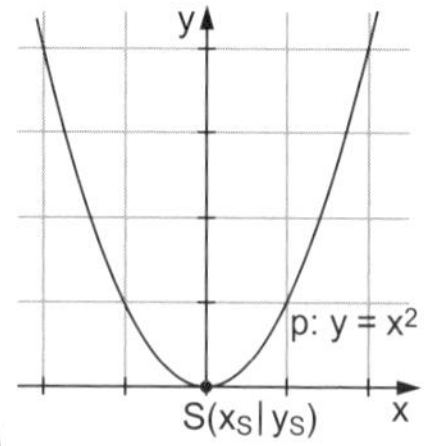

8. Exponentialfunktion

$y = b \cdot a^x$ mit $a, b \in \mathbb{R}^+$

9. Berechnungen im Dreieck

allgemeines Dreieck

$$A = \frac{\text{Grundlinie} \cdot \text{Höhe}}{2}$$

$$A = \frac{g \cdot h}{2}$$

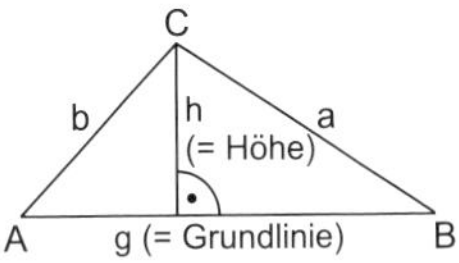

gleichseitiges Dreieck

$$A = \frac{a^2}{4} \cdot \sqrt{3}$$

$$h = \frac{a}{2} \cdot \sqrt{3}$$

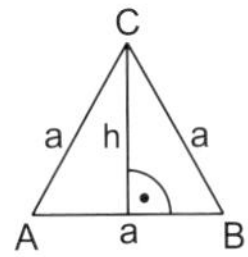

rechtwinkliges Dreieck – Satz des Pythagoras

$$A = \frac{a \cdot b}{2}$$

$$c^2 = a^2 + b^2$$

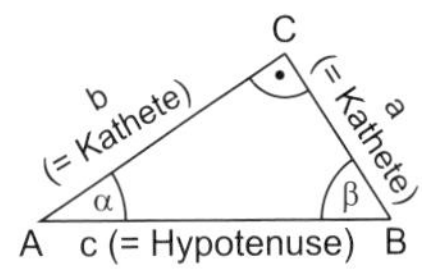

10. Berechnungen im Viereck

Quadrat

$u = 4 \cdot a$

$A = a^2$

$e = f = a\sqrt{2}$

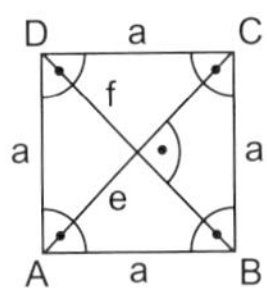

Rechteck

$u = 2 \cdot (a + b)$

$A = a \cdot b$

$e = f = \sqrt{a^2 + b^2}$

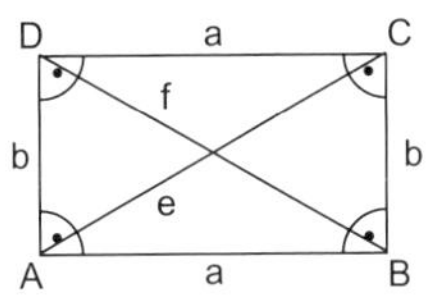

Raute

$u = 4 \cdot a$

$$A = a \cdot h_a = \frac{e \cdot f}{2}$$

$$a = \frac{\sqrt{e^2 + f^2}}{2}$$

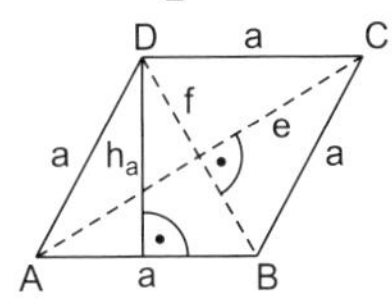

Parallelogramm

$u = 2 \cdot (a + b)$

$A = a \cdot h_a$

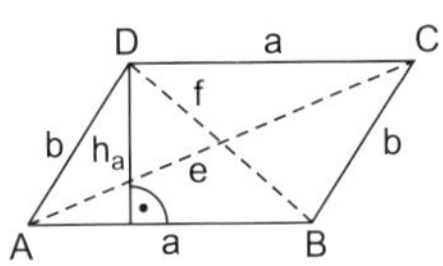

allgemeines Trapez

$u = a + b + c + d$

$$A = m \cdot h_a = \frac{a + c}{2} \cdot h_a$$

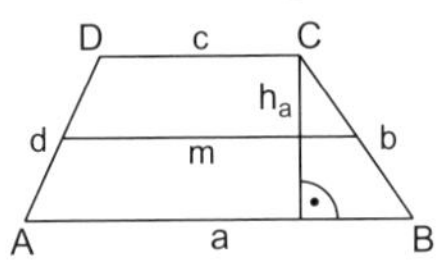

11. Berechnungen am Kreis

$u = 2 \cdot r \cdot \pi$

$A = r^2 \cdot \pi$

12. Strahlensätze

1. Strahlensatz

$$\frac{|\overline{ZA}|}{|\overline{ZA'}|} = \frac{|\overline{ZB}|}{|\overline{ZB'}|}$$

$$\frac{|\overline{ZA}|}{|\overline{AA'}|} = \frac{|\overline{ZB}|}{|\overline{BB'}|}$$

2. Strahlensatz

$$\frac{|\overline{AB}|}{|\overline{A'B'}|} = \frac{|\overline{ZA}|}{|\overline{ZA'}|} = \frac{|\overline{ZB}|}{|\overline{ZB'}|}$$

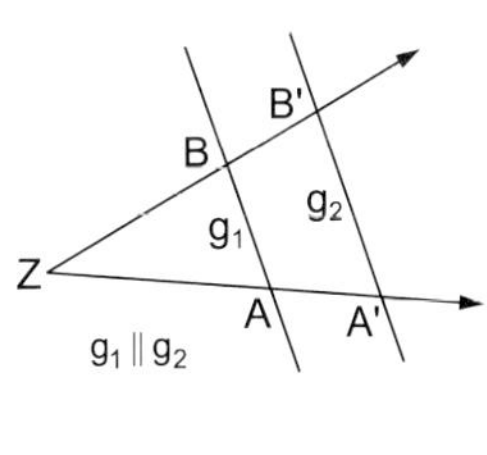

13. Prismen

Würfel

$O = 6 \cdot a^2$

$V = a^3$

$e = a\sqrt{2}$

$d = a\sqrt{3}$

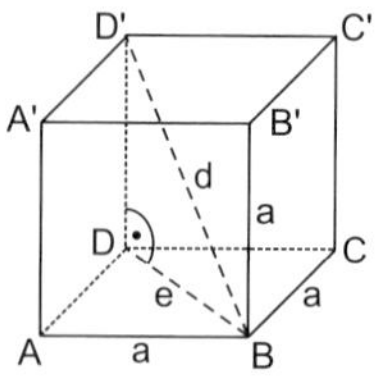

Quader

$O = 2 \cdot (a \cdot b + b \cdot h + a \cdot h)$

$V = G \cdot h = a \cdot b \cdot h$

$e = \sqrt{a^2 + b^2}$

$d = \sqrt{a^2 + b^2 + h^2}$

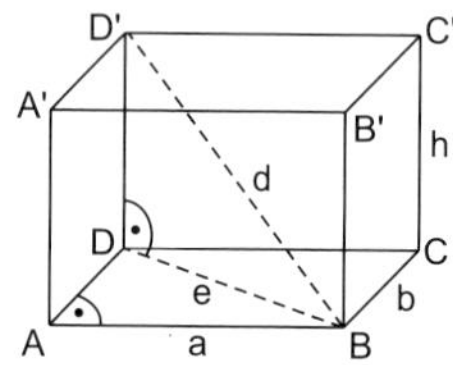

Dreiseitiges Prisma

$O = 2 \cdot G + M$

$O = c \cdot h_c + h \cdot (a + b + c)$

$V = G \cdot h = \frac{1}{2} \cdot c \cdot h_c \cdot h$

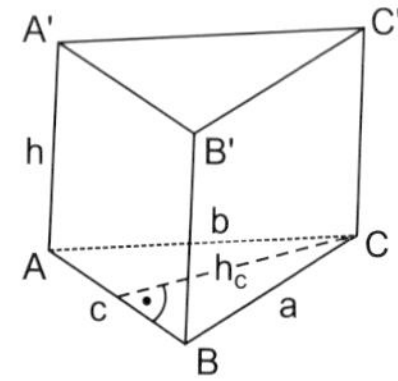

14. Gerader Kreiszylinder

$G = r^2 \cdot \pi$

$M = u \cdot h = 2 \cdot r \cdot \pi \cdot h$

$O = 2 \cdot G + M$

$V = G \cdot h = r^2 \cdot \pi \cdot h$

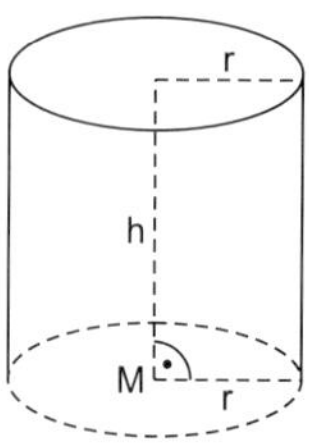

15. Gerade quadratische Pyramide

$G = a^2$

$M = 4 \cdot A_\Delta = 4 \cdot \frac{h_s \cdot a}{2}$

$O = G + M$

$V = \frac{1}{3} \cdot G \cdot h = \frac{1}{3} \cdot a^2 \cdot h$

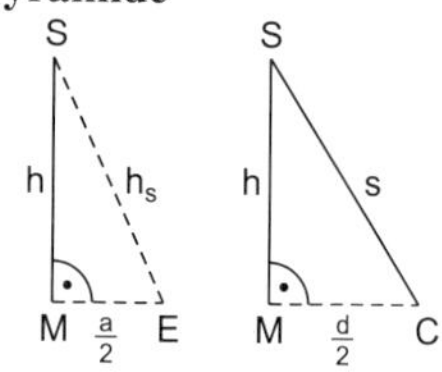

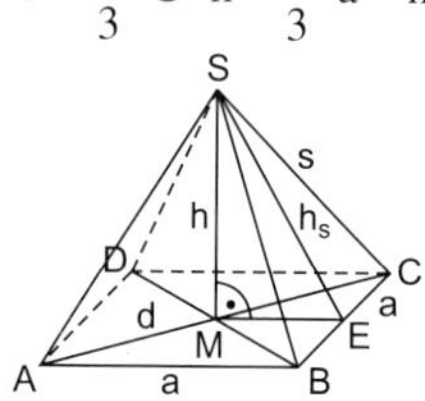

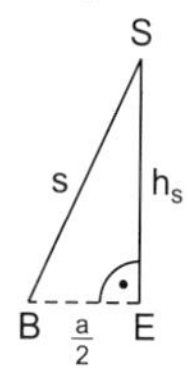

16. Gerader Kreiskegel

$G = r^2 \cdot \pi$

$M = r \cdot s \cdot \pi$

$O = G + M$

$V = \frac{1}{3} \cdot G \cdot h = \frac{1}{3} \cdot r^2 \cdot \pi \cdot h$

$s = \sqrt{r^2 + h^2}$

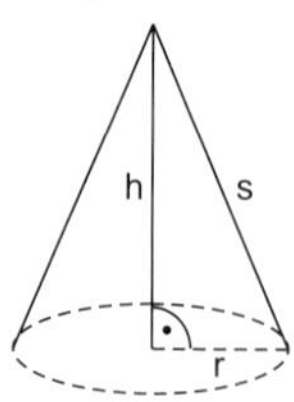

17. Kugel

$O = 4 \cdot r^2 \cdot \pi$

$V = \frac{4}{3} \cdot r^3 \cdot \pi$

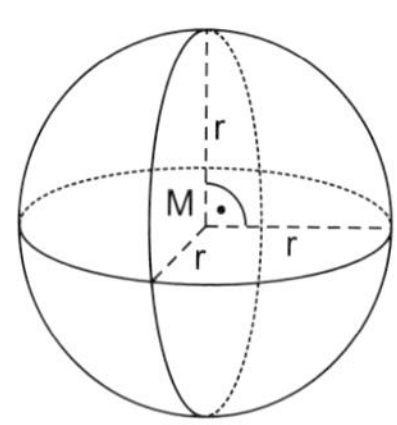

18. Berechnungen an rechtwinkligen Dreiecken

$$\sin\alpha = \frac{\text{Gegenkathete (a)}}{\text{Hypotenuse (c)}}$$

$$\cos\alpha = \frac{\text{Ankathete (b)}}{\text{Hypotenuse (c)}}$$

$$\tan\alpha = \frac{\text{Gegenkathete (a)}}{\text{Ankathete (b)}}$$

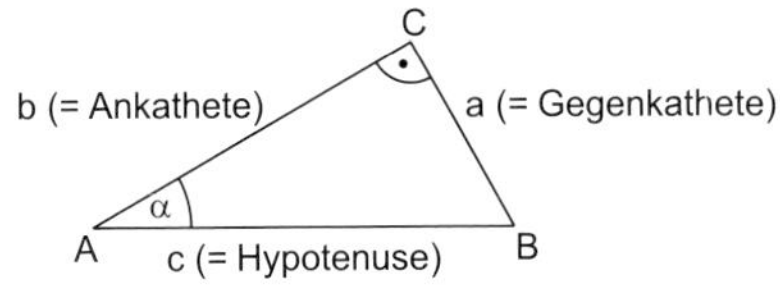

19. Berechnung der Steigung (des Gefälles)

$$\tan\varphi = \frac{\text{Höhenunterschied (h)}}{\text{horizontale Entfernung (e)}}$$

Steigung (Gefälle) in Prozent =
$\tan\varphi \cdot 100$

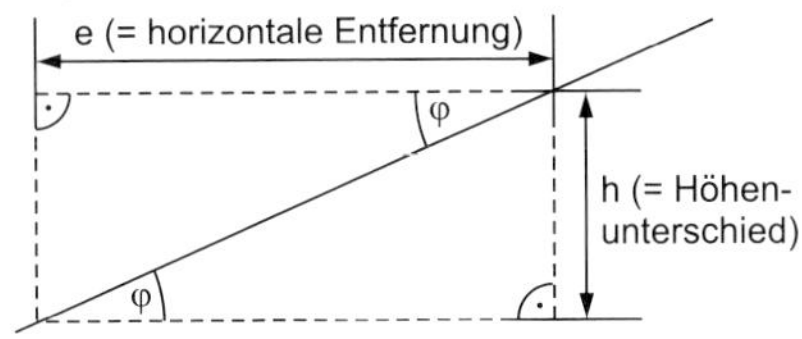

20. Berechnungen an allgemeinen Dreiecken

Sinussatz

$$\frac{a}{\sin\alpha} = \frac{b}{\sin\beta} = \frac{c}{\sin\gamma}$$

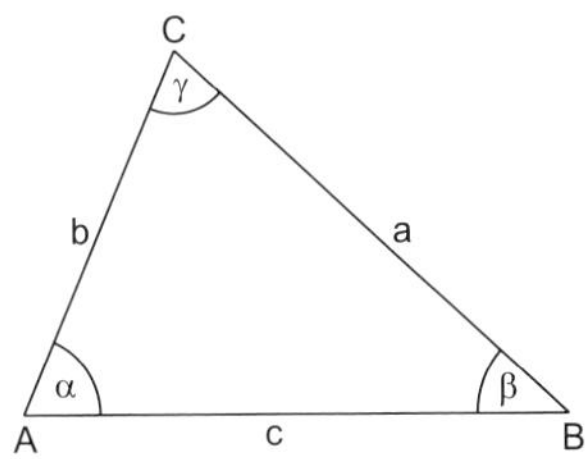

Flächensatz für die Dreiecksfläche

$$A_\Delta = \frac{1}{2} \cdot a \cdot b \cdot \sin\gamma$$

$$A_\Delta = \frac{1}{2} \cdot a \cdot c \cdot \sin\beta$$

$$A_\Delta = \frac{1}{2} \cdot b \cdot c \cdot \sin\alpha$$

Kosinussatz

$$a^2 = b^2 + c^2 - 2 \cdot b \cdot c \cdot \cos\alpha$$

$$b^2 = a^2 + c^2 - 2 \cdot a \cdot c \cdot \cos\beta$$

$$c^2 = a^2 + b^2 - 2 \cdot a \cdot b \cdot \cos\gamma$$

$$\cos\alpha = \frac{b^2 + c^2 - a^2}{2 \cdot b \cdot c}$$

$$\cos\beta = \frac{a^2 + c^2 - b^2}{2 \cdot a \cdot c}$$

$$\cos\gamma = \frac{a^2 + b^2 - c^2}{2 \cdot a \cdot b}$$

21. Zinseszinsrechnung

Zinseszinsformel	Zinsfaktor
$K_n = K_0 \cdot q^n$	$q = 1 + \frac{p}{100}$

22. Rentenrechnung

Rentenformeln

	nachschüssig	*vorschüssig*
Endwert	$K_n = r \cdot \frac{q^n - 1}{q - 1}$	$K_n' = r \cdot q \cdot \frac{q^n - 1}{q - 1}$

kombinierte Zinseszins-/ Rentenformeln

	nachschüssig	*vorschüssig*
Kapitalmehrung	$K_n = K_0 \cdot q^n + r \cdot \frac{q^n - 1}{q - 1}$	$K_n' = K_0 \cdot q^n + r \cdot q \cdot \frac{q^n - 1}{q - 1}$
Kapitalminderung	$K_n = K_0 \cdot q^n - r \cdot \frac{q^n - 1}{q - 1}$	$K_n' = K_0 \cdot q^n - r \cdot q \cdot \frac{q^n - 1}{q - 1}$

23. Tilgungsrechnung

	Ratentilgung	**Annuitätentilgung**
Tilgungsraten	$T = \frac{K_0}{n}$	$T_1 = \frac{K_0 \cdot (q-1)}{q^n - 1}$ $T_v = T_1 \cdot q^{v-1}$ $T_n = T_1 \cdot q^{n-1}$
Zinsen	$Z_v = T \cdot (q-1) \cdot (n - v + 1)$	$Z_v = \frac{K_0 \cdot (q-1) \cdot (q^n - q^{v-1})}{q^n - 1}$
Annuität = Zinsen + Tilgung	$A_n = T \cdot q$ $A_v = T \cdot (q-1) \cdot (n - v + 1) + T$	$A = T_1 \cdot q^n$ $A = \frac{K_0 \cdot q^n \cdot (q-1)}{q^n - 1}$
Restschuld (am Ende des v-ten Jahres)	$K_v = T \cdot (n - v)$	$K_v = K_0 \cdot q^v - \frac{A \cdot (q^v - 1)}{q - 1}$

24. Grundlagen

Grundgesamtheit n

Anzahl n aller erfassten Daten

Absolute Häufigkeit H

Anzahl H der Merkmalsträger aus der Grundgesamtheit

Relative Häufigkeit h

$$h = \frac{\text{Absolute Häufigkeit H}}{\text{Grundgesamtheit n}}$$

Laplace-Wahrscheinlichkeit

$$P(E) = \frac{\text{Anzahl der Ergebnisse, bei denen das Ereignis E eintritt}}{\text{Anzahl aller möglichen Ergebnisse}}$$

Pfadregeln (am Beispiel eines dreistufigen Zufallsexperiments):

Es gilt: $p_1 + p_2 = 1$

$p_3 + p_4 = 1$

$p_5 + p_6 = 1$

1. Pfadregel (Produktregel):

Beispiel:

$P(\{AKM\}) = p_1 \cdot p_3 \cdot p_5$

2. Pfadregel (Summenregel):

Beispiel:

$P(\{ALM; BKN\}) = p_1 \cdot p_4 \cdot p_5 + p_2 \cdot p_3 \cdot p_6$

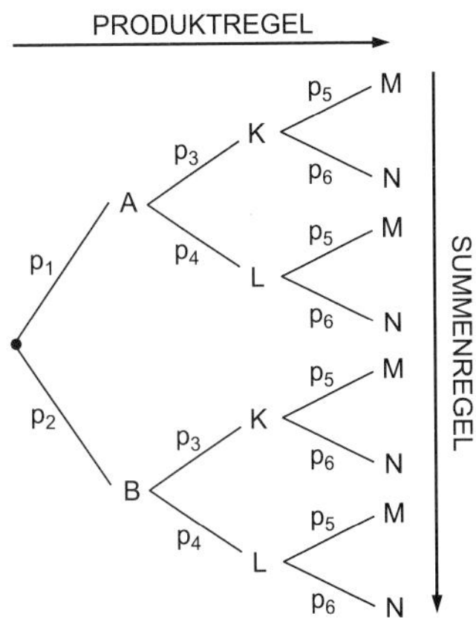

25. Statistische Kenngrößen

arithmetisches Mittel $\overline{x}$

$$\overline{x} = \frac{x_1 + x_2 + \ldots + x_n}{n}$$

Modalwert x_{mod}

häufigster Wert

Spannweite R

$R = x_{max} - x_{min}$

Median x_{med}

Zentralwert der Rangliste

Stichwortverzeichnis

Hinter dem jeweiligen Stichwort stehen die Jahrgänge (z. B. 22) jeweils mit den zutreffenden Aufgaben.
In den Jahrgängen 2021 und 2022 gibt es Corona-bedingt im Prüfungsteil A die Wahlblöcke W1, W2, W3.

Abschlussprüfung 2018 an drei- und vierstufigen Wirtschaftsschulen
Mathematik – Aufgabenteil A

Aufgaben ohne Benutzung des Taschenrechners

1. Max möchte verreisen. Er packt vier Oberteile, zwei Hosen und drei Paar Schuhe in seine Reisetasche.
Geben Sie die Anzahl der Kombinationsmöglichkeiten an. 1

2. Im Schlussverkauf liest Nadine folgendes Angebot:

5 % Rabatt ab 50,00 €
20 % Rabatt ab 150,00 €

In ihrem Einkaufskorb liegen Kleidungsstücke im Wert von 140,00 €.

2.1 Berechnen Sie den Preis, den Nadine nach Abzug des Rabatts zahlen müsste. 1

2.2 Nadine überlegt, ob sie ein weiteres T-Shirt für 20,00 € kaufen soll.
Was raten Sie ihr? Begründen Sie Ihre Empfehlung mit einer Rechnung. 2

3. In einer Zeitung ist folgende Anzeige abgedruckt:

Günstiger Kredit
schnell und ohne SCHUFA-Auskunft
12.000,00 €
für nur 120,00 € Zinsen im Monat

Bestimmen Sie durch Rechnung die Höhe des Jahreszinssatzes. 2

4. Es wird verdeckt eine Karte gezogen.
Geben Sie die Wahrscheinlichkeit an, dass ein „T“ gezogen wird. 1

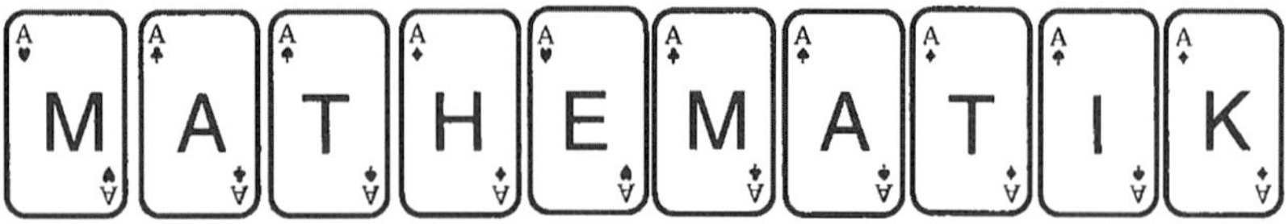

Wahrscheinlichkeit in Prozent
P(„T“) =

5. Die kleinste der folgenden Zahlen ist … 1

A	B	C	D	Lösung
2^0	$4^{\frac{1}{2}}$	$\sqrt[3]{27}$	10^{-2}	

6. Gegeben ist folgende Wertetabelle einer Funktion:

x	–3	0	1	2
y	12	3	4	7

Welche Funktionsgleichung wird durch die Wertetabelle abgebildet? 1

A	B	C	D	Lösung
$y = 2x + 3$	$y = x^2 + 3$	$y = 4x^2$	$y = x + 5$	

7. Gegeben sind das Parallelogramm ABCD und das gleichschenklige Dreieck EDA mit dem Winkel δ.
Bestimmen Sie rechnerisch die Größe des gesuchten Winkels β. 1

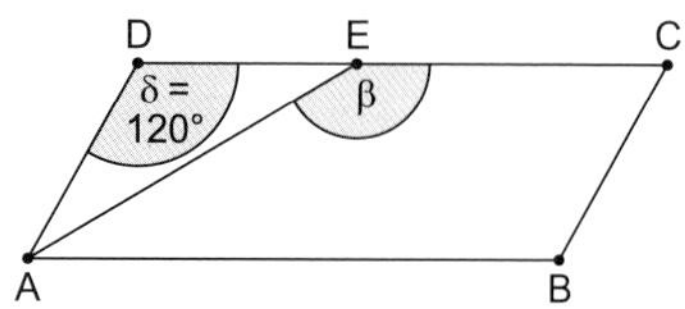

Skizze nicht maßstabsgetreu.

8. Die Maurer nutzen eine einfache Methode zur Kontrolle des rechten Winkels.
Wie wird hier sichergestellt, dass die Wände rechtwinkelig zueinander errichtet werden?
Begründen Sie Ihre Überlegungen auch rechnerisch. 1

9. Ein Landwirt will den Holzgiebel (Dreieck DCE) seines Geräteschuppens streichen und misst folgende Strecken:

$|\overline{AB}| = 8{,}00$ m

$|\overline{EF}| = 7{,}00$ m

$|\overline{BC}| = 4{,}00$ m

Berechnen Sie die zu streichende Fläche. 2

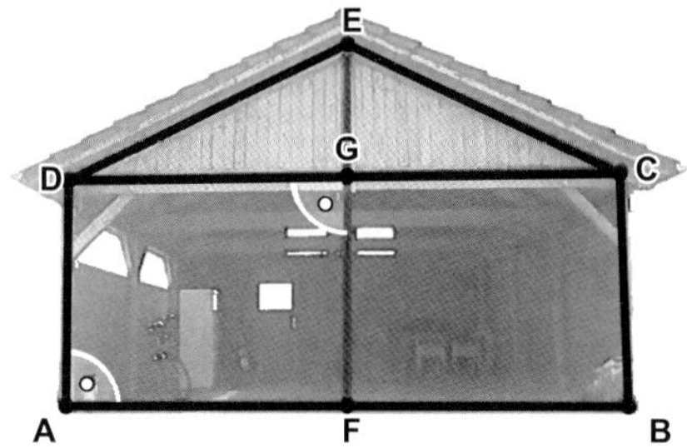

10. Familie Karl betrachtet auf einer Kunstausstellung die Skulptur eines übergroßen Autos. Frau Karl vermutet, dass der Umfang eines Reifens ungefähr 2 m beträgt.

Schätzen Sie auf nachvollziehbare Weise den Durchmesser eines Reifens und geben Sie diesen an.
Berechnen Sie näherungsweise mithilfe Ihres „Schätzdurchmessers" den Umfang eines Reifens.
Ist die Vermutung von Frau Karl richtig? 2

15

Abschlussprüfung 2018 an drei- und vierstufigen Wirtschaftsschulen
Mathematik – Aufgabenteil B

Aufgabe 1 – Finanzmathematik

Herr Brandl hat vor 12 Jahren von seiner Unfallversicherung 12.500,00 € ausbezahlt bekommen. In einem Beratungsgespräch mit dem Kundenberater seiner Bank erkundigte er sich damals nach einer sicheren Geldanlage. Herr Brandl wollte durch die Anlage im Jahr 2018 mit Zinseszins über ein Gesamtkapital von 17.000,00 € verfügen.

1.1 Welchen Zinssatz hätte die Bank Herrn Brandl anbieten müssen, damit er sein geplantes Sparziel erreicht? 3

Der Kundenberater erklärte Herrn Brandl, dass sich sein Kapital jährlich mit 2,6 % verzinsen müsste, um auf 17.000,00 € anzuwachsen. Aufgrund des damals niedrigen Zinsniveaus konnte ihm die Bank aber nur einen Zinssatz von 1,25 % p. a. anbieten.

1.2 Berechnen Sie, welchen gleichbleibenden Betrag Herr Brandl jährlich zum Jahresende zusätzlich einzahlen musste, damit er ein Gesamtkapital von 17.000,00 € nach 12 Jahren erreichen konnte. 3

Herr Brandl plant jetzt einen Teil der Studienkosten seines Sohnes Claus mit den angesparten 17.000,00 € zu finanzieren und ihm jährlich zu Beginn eines jeden Jahres 3.000,00 € davon zu geben.

1.3 Berechnen Sie, wie lange Herr Brandl seinen Sohn finanziell unterstützen kann, wenn sich sein Kapital mit 1,5 % p. a. verzinst. 4

Nach Abschluss seines Studiums möchte Claus Brandl seine neue Wohnung einrichten. Dafür nimmt er bei der Bayernbank ein Darlehen auf (siehe Beleg):

DARLEHENSVERTRAG

b
baye
bayernb
bayernbank
bayernbankbaye
bayernbankbayernba
bayernbankbayernban

Zwischen

im Folgenden Darlehensgeber genannt	und	im Folgenden Darlehensnehmer genannt
Bayernbank Bamberg	FIRMA	----------------------------
----------------------------	VORNAME UND NACHNAME	Claus Brandl
Lange Straße 44	STRASSE UND HAUSNUMMER	Willy-Lessingstraße 12
96047 Bamberg	PLZ UND STADT	96047 Bamberg

wird folgende Vereinbarung getroffen:

§1 Darlehensbetrag und Darlehenszweck
Der Darlehensnehmer erhält vom Darlehensgeber ein Darlehen in Höhe von **25.000,00 EUR** .

§2 Auszahlung
Der Darlehensbetrag ist auf folgendes Konto des Darlehensnehmers zu überweisen:

Claus Brandl	KONTOINHABER
DE 12 3467 0404 1967	IBAN / KONTONUMMER
Bayernbank AG Bamberg	GELDINSTITUT
BYRNBK	BIC / BANKLEITZAHL

§3 Zinssatz
Das Darlehen ist mit einem Zinssatz von **3,20 % p. a.** zu tilgen.

§4 Annuitäten / Sondertilgungen
Die jährlichen Annuitäten sind in Höhe von **2.000,00 EUR** jeweils zum **Jahresende** auf folgendes Konto zu entrichten:

Bayernbank AG Bamberg	KONTOINHABER
DE 12 5999 1000 2000	IBAN / KONTONUMMER
Bayernbank AG Bamberg	GELDINSTITUT
BYRNBK	BIC / BANKLEITZAHL

Nach frühestens **6 Jahren** kann zum 31.12. der Restbetrag in einer Summe zurückgezahlt werden.

Sebastian Kienle	Claus Brandl
DARLEHENSGEBER Bayern**bank**	DARLEHENSNEHMER

1.4 Erstellen Sie einen Tilgungsplan für die ersten beiden Jahre. 3

Nach 8 Jahren möchte Claus Brandl seine Restschuld begleichen.

1.5 Berechnen Sie die Höhe der Restschuld. 2

15

Aufgabe 2 – Funktionaler Zusammenhang

Dennis trainiert Freiwürfe für das nächste Basketballspiel. Der Ball wird im Punkt $A(0|2{,}75)$ abgeworfen, fliegt durch den Punkt $B(2|4{,}85)$ und landet genau im Korb $K(6|y_K)$. Er beschreibt eine parabelförmige Flugkurve p_1 mit dem Faktor $a = -0{,}25$.

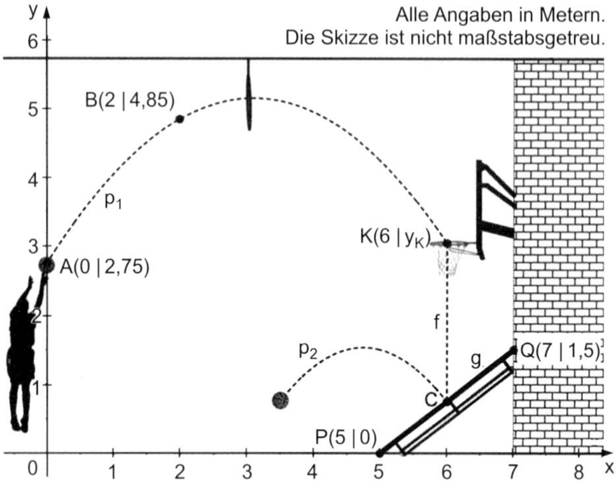

2.1 Ermitteln Sie die Funktionsgleichung der Flugparabel p_1. 3
[Ergebnis: p_1: $y = -0{,}25x^2 + 1{,}55x + 2{,}75$]

2.2 Berechnen Sie die Höhe y_K des Korbrings über dem Boden. 1
[Ergebnis: $y_K = 3{,}05$ m]

Um die optimale Flugkurve p_1 zu trainieren, hängt Dennis einen Reifen an die Hallendecke, durch den der Ball fliegen soll.

2.3 Berechnen Sie den höchsten Punkt der optimalen Flugkurve p_1. 3

Damit der Ball nach einem erfolgreichen Korbwurf wieder zurückspringt, stellt Dennis eine Sitzbank g schräg an die Wand.

2.4 Ermitteln Sie die Funktionsgleichung g der Bank, die durch die Punkte $P(5|0)$ und $Q(7|1{,}5)$ verläuft. 3
[Ergebnis: g: $y = 0{,}75x - 3{,}75$]

Nach einem Treffer fällt der Ball senkrecht nach unten und springt parabelförmig von der Bank weg. Die Flugbahn wird durch die Parabel p_2: $y = -0{,}5x^2 + 4{,}75x - 9{,}75$ beschrieben.

2.5 Berechnen Sie die Fallhöhe f des Balls vom Korbring im Punkt K bis zum Aufprall auf die Bank im Punkt C. 2

2.6 Berechnen Sie, wie viele Meter vor Dennis der Ball das erste Mal aufspringt, wenn angenommen werden kann, dass Dennis nach dem Wurf wieder im Nullpunkt der Skizze auf den Ball wartet. 3

15

Aufgabe 3 – Trigonometrie

Ein Baugerüst besteht aus waagerechten Gerüstböden, senkrechten Gerüstelementen, Querstreben, höhenverstellbaren Füßen und Leitern zwischen den Gerüstböden.

Ein Gerüstboden (z. B. $\overline{AB}$) hat eine Länge von 3 m. Ein senkrechtes Gerüstelement (z. B. $\overline{BC}$) ist 2,50 m lang.

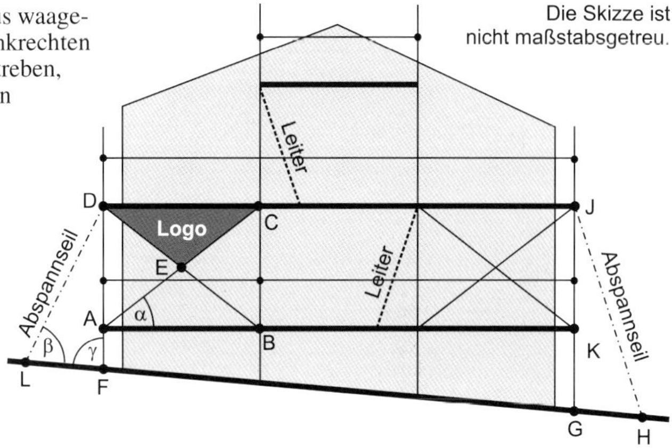

3.1 Berechnen Sie die Länge der Querstrebe $\overline{AC}$. 2

[Ergebnis: $|\overline{AC}| = 3{,}91\text{ m}$]

3.2 Berechnen Sie den Winkel α zwischen dem Gerüstboden $\overline{AB}$ und der Querstrebe $\overline{AC}$. 2

[Ergebnis: $\alpha = 39{,}81°$]

Die zur Stabilisierung notwendigen Querstreben $\overline{AC}$ und $\overline{BD}$ halbieren sich gegenseitig. Das so entstehende Dreieck DEC dient als Werbefläche für das Firmenlogo des Gerüstbauers.

3.3 Bestimmen Sie die Größe der Werbefläche. 3

Als Sturmsicherung wird auf der linken Seite des Hauses ein Abspannseil ($\beta = 65°$ und $\gamma = 87°$) angebracht. Der linke Gerüstfuß $\overline{AF}$ ist auf eine Höhe von 15 cm eingestellt.

3.4 Berechnen Sie die Länge des linken Abspannseils $\overline{DL}$. 4

In einer Entfernung von $|\overline{GH}| = 4\text{ m}$ wird auf der rechten Seite ein weiteres Abspannseil $\overline{HJ}$ im Punkt H befestigt. Der rechte Gerüstfuß $\overline{GK}$ ist auf eine Höhe von 62 cm eingestellt.

3.5 Berechnen Sie die Länge des Seils $\overline{HJ}$. 4

15

Aufgabe 4 – Daten und Zufall

Auf dem deutschen Musikmarkt wurde im Jahr 2016 ein Gesamtumsatz von 1,58 Milliarden Euro erzielt. Vor allem über Streaming-Abos wurden hohe Umsatzzahlen erreicht.

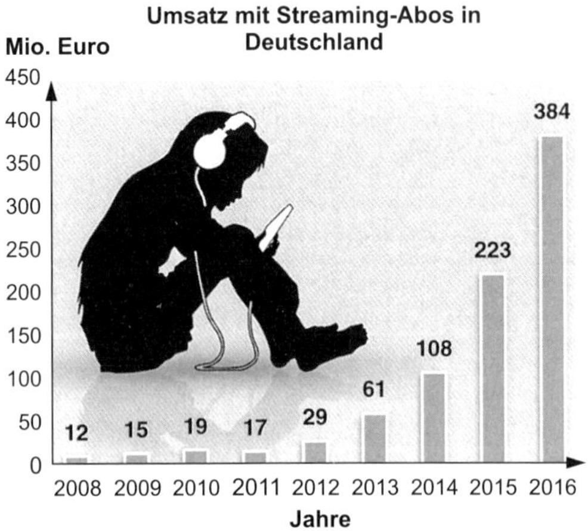

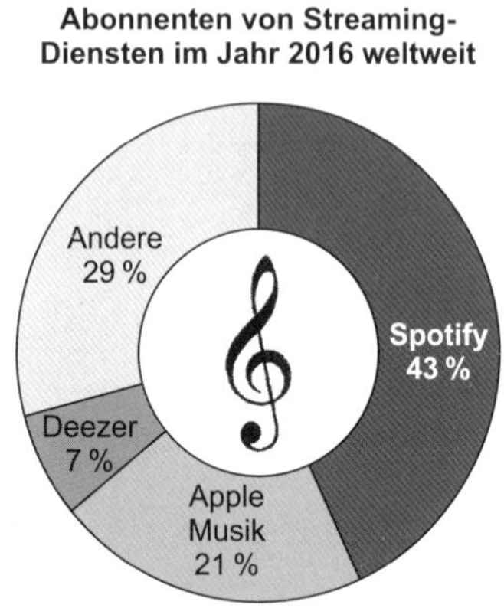

4.1 Bestimmen Sie für das Jahr 2016 den prozentualen Anteil des Umsatzes mit Streaming-Abos in Deutschland gemessen am Gesamtumsatz. 2

Im Jahr 2016 gab es weltweit 100,4 Millionen Musikstreaming-Abonnenten.

4.2 Bestimmen Sie die Anzahl der Spotify-Abos im Jahr 2016 weltweit. 2

Eine Befragung unter 10 Schülern einer Wirtschaftsschule hat folgende Daten hinsichtlich der monatlichen Ausgaben für Streaming-Dienste (Musik und Video) ergeben:

Schüler	1	2	3	4	5	6	7	8	9	10
Ausgaben	2 €	5 €	14 €	4 €	5 €	9 €	20 €	30 €	15 €	8 €

4.3 Bestimmen Sie die durchschnittlichen Ausgaben, den Median und die Spannweite zu dieser Befragung. 5

Laut einer Umfrage der Verbraucherzentrale verwenden 78 % der Internetnutzer Streaming-Dienste. Nicht alle User wollen dafür bezahlen.

4.4 Ergänzen Sie mithilfe der beiden Kreisdiagramme auf Seite 9 die noch fehlenden Übergangswahrscheinlichkeiten im Baumdiagramm. 3

4.5 Berechnen Sie die Wahrscheinlichkeit von E_1 „Umfrageteilnehmer nutzt Streaming-Dienste gratis". 1

4.6 Berechnen Sie die Wahrscheinlichkeit von E_2 „Umfrageteilnehmer nutzt kostenpflichtiges Videostreaming". 2

15

Zusatzblatt zu 4. Daten und Zufall

Name: ______________________

Zu Teilaufgabe 4.4

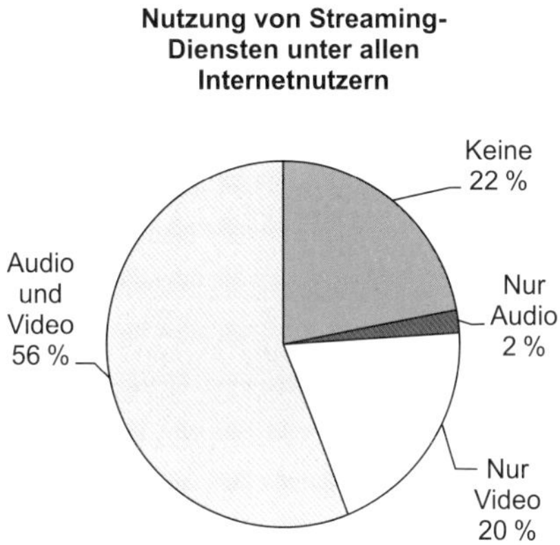

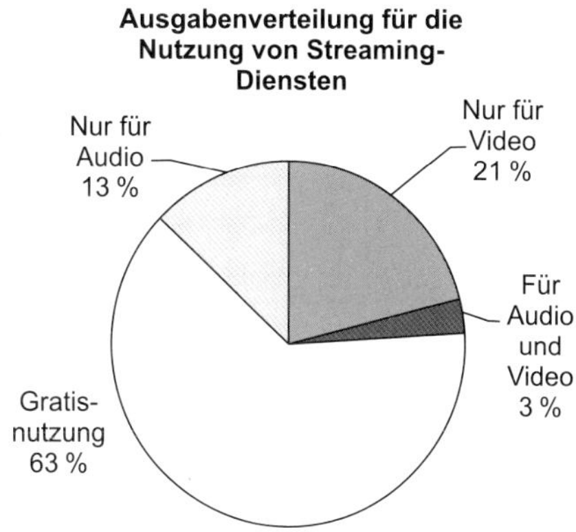

Baumdiagramm

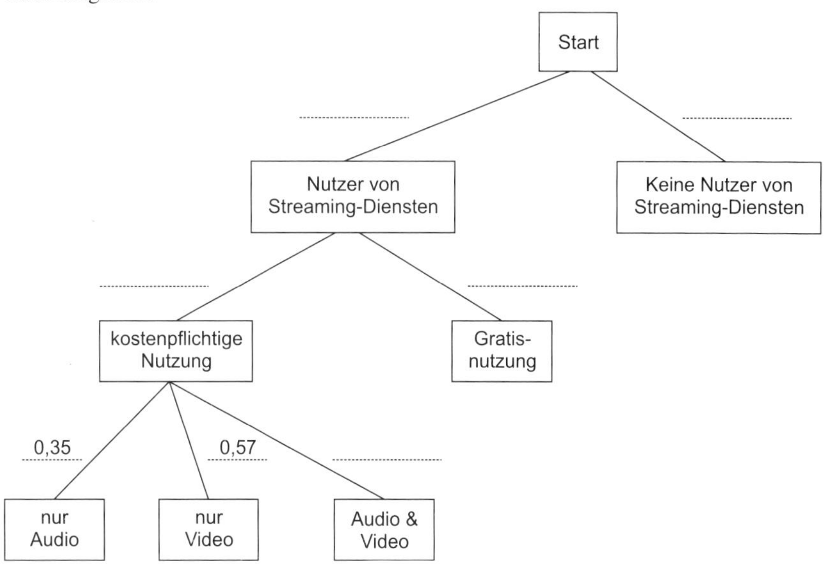

Aufgabe 5 – Raum und Form

Die Firma „Grillomat“ stellt extravagante Kohlegrills her. Unter anderem hat sie einen Halbkugelgrill (siehe linke Skizze) sowie einen Kegelgrill (siehe rechte Skizze) im Sortiment. Beide haben einen oberen Durchmesser von d = 36 cm. Der Kegelgrill hat ein Gesamtvolumen von 19 Litern.

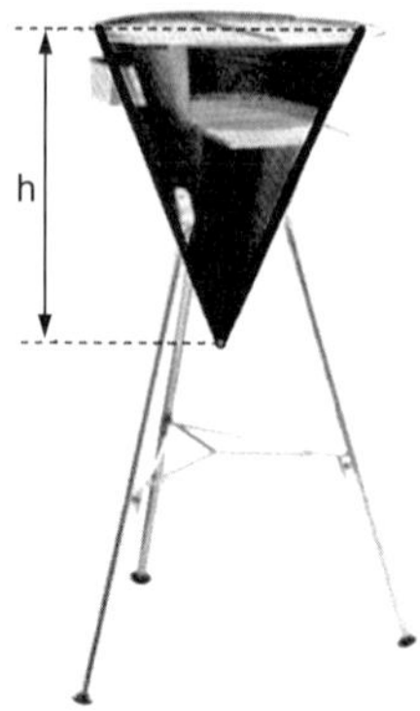

5.1 Zeigen Sie rechnerisch, dass der Halbkugelgrill ein geringeres Volumen besitzt. 2

5.2 Berechnen Sie die Höhe h des Kegelgrills. [Ergebnis: h = 56 cm] 2

5.3 Berechnen Sie die Fläche in m^2, die bei der Herstellung des Kegelgrills außen lackiert werden muss (ohne Standbeine). 4

Die rechte Skizze zeigt den Querschnitt des Kegelgrills (alle Angaben in cm). Damit nicht so viel Grillkohle verbraucht wird und die glühende Kohle von unten Luft bekommt, wird in einem Abstand von 42 cm vom oberen Durchmesser d ein zweiter Rost eingebaut.

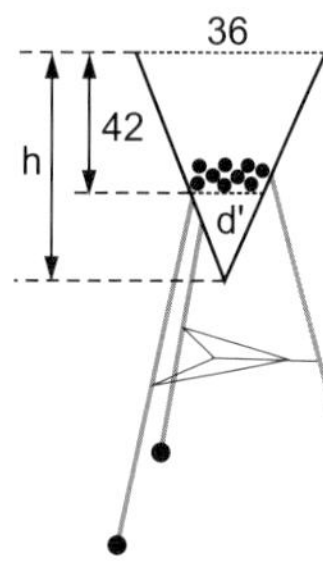

5.4 Berechnen Sie den Durchmesser d' des unteren Rostes. 3

Damit auch bei schlechterem Wetter gegrillt werden kann, bietet die Firma „Grillomat“ auch Partyzelte an. Alle vier Streben a haben die Länge 6 m. Die Stützen f sind jeweils 2,5 m hoch. Das Zelt hat eine Gesamthöhe von 3,5 m.

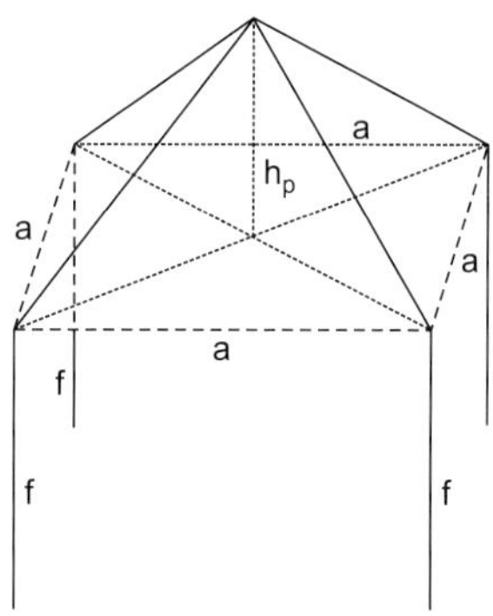

5.5 Berechnen Sie die Gesamtfläche für den Stoff des pyramidenförmigen Zeltdachs. 4

15

Lösung – Aufgabenteil A

Aufgaben ohne Benutzung des Taschenrechners

1. Max kann aus 4 verschiedenen Oberteilen wählen. Zu jedem Oberteil hat er 2 Möglichkeiten, eine Hose hinzuzufügen. Somit gibt es $4 \cdot 2 = 8$ Möglichkeiten, die Oberteile und die Hosen zu kombinieren. Zu jeder dieser 8 Möglichkeiten kann Max aus 3 Paar Schuhen wählen. Es ist anzunehmen, dass er keine verschiedenen Schuhe anzieht.

   Anzahl der Kombinationsmöglichkeiten:

   $4 \cdot 2 \cdot 3 = \underline{\underline{24}}$

2.1 Nadine hat Kleidungsstücke im Wert von 140 € im Einkaufskorb. Daher würde sie (laut Angebot) 5 % Rabatt bekommen. Der Prozentsatz (Rabatt in €) wird mit dem Dreisatz oder der Lösungsformel berechnet. Anschließend wird der Rabatt vom Kaufpreis abgezogen.

Berechnung der Höhe des Rabatts in €:

1. Möglichkeit: Dreisatz

$$\begin{array}{rrcll} :100 & 100\,\% & \hat{=} & 140\,€ & :100 \\ & 1\,\% & \hat{=} & 1{,}40\,€ & \\ \cdot 5 & 5\,\% & \hat{=} & 7\,€ & \cdot 5 \end{array}$$

2. Möglichkeit: Lösungsformel

Gegeben: G = 140 €; p % = 5 %

Gesucht: P

$$P = \frac{G \cdot p}{100} = \frac{140\,€ \cdot 5}{100} = 7\,€$$

Berechnung des neuen Preises:

$140\,€ - 7\,€ = \underline{\underline{133\,€}}$

Nadine müsste nach Abzug des Rabatts noch 133 € bezahlen.

Alternative Lösungsmöglichkeit:

Da Nadine 5 % Rabatt bekommen würde, müsste sie 100 % – 5 % = 95 % bezahlen. Der Prozentwert (neue Preis) wird mit dem Dreisatz oder der Lösungsformel berechnet.

Berechnung des neuen Preises:

1. Möglichkeit: Dreisatz

$$\begin{array}{rrcll} :100 & 100\,\% & \hat{=} & 140\,€ & :100 \\ & 1\,\% & \hat{=} & 1{,}40\,€ & \\ \cdot 95 & 95\,\% & \hat{=} & 133\,€ & \cdot 95 \end{array}$$

2. Möglichkeit: Lösungsformel

Gegeben: G = 140 €; p % = 95 %

Gesucht: P

$$P = \frac{G \cdot p}{100} = \frac{140\,€ \cdot 95}{100} = 133\,€$$

Nadine müsste nach Abzug des Rabatts noch $\underline{\underline{133\,€}}$ bezahlen.

2.2 Wenn Nadine ein weiteres T-Shirt für 20 € kauft, steigt der Warenwert auf 160 € und sie erhält 20 % Rabatt. Der Prozentsatz (Rabatt in €) wird mit dem Dreisatz oder der Lösungsformel berechnet. Dann wird der neue Preis berechnet und mit dem alten Wert verglichen.

Berechnung der Höhe des neuen Rabatts in €:

1. Möglichkeit: Dreisatz

$$\begin{array}{rrcll} :100 & 100\,\% & \hat{=} & 160\,€ & :100 \\ & 1\,\% & \hat{=} & 1{,}60\,€ & \\ \cdot 20 & 20\,\% & \hat{=} & 32\,€ & \cdot 20 \end{array}$$

2. Möglichkeit: Lösungsformel

Gegeben: G = 160 €; p % = 20 %

Gesucht: P

$$P = \frac{G \cdot p}{100} = \frac{160\,€ \cdot 20}{100} = 32\,€$$

Der Rabatt beträgt also 32 €. Dieser muss vom Kaufpreis abgezogen werden.

Berechnung des neuen Preises:
160 € – 32 € = 128 €

Nadine sollte ein weiteres T-Shirt kaufen, da es dadurch billiger als 133 € wird.

Alternative Lösungsmöglichkeit:

Da Nadine 20 % Rabatt bekommen würde, müsste sie 100 % – 20 % = 80 % bezahlen.

Berechnung des neuen Preises:

1. Möglichkeit: Dreisatz

$$\begin{array}{rrcrl} :100 & 100\,\% & \mathrel{\widehat{=}} & 160\,€ & :100 \\ & 1\,\% & \mathrel{\widehat{=}} & 1{,}60\,€ & \\ \cdot 80 & 80\,\% & \mathrel{\widehat{=}} & 128\,€ & \cdot 80 \end{array}$$

2. Möglichkeit: Lösungsformel

Gegeben: G = 160 €; p % = 80 %

Gesucht: P

$$P = \frac{G \cdot p}{100} = \frac{160\,€ \cdot 80}{100} = 128\,€$$

Nadine sollte ein weiteres T-Shirt kaufen, da es dadurch billiger als 133 € wird.

3. Diese Aufgabe ist aus dem Themenbereich Zinsrechnung. Gegeben sind die Kreditsumme K = 12.000 € sowie die Zinsen Z = 120 € für t = 30 Tage („im Monat"). Der gesuchte Jahreszinssatz wird mithilfe der Zinsformel berechnet.

Gegeben: K = 12.000 €; Z = 120 €; t = 30

Gesucht: p %

Berechnung des Jahreszinssatzes p %:

$$Z = \frac{K \cdot p \cdot t}{100 \cdot 360}$$

$$120\,€ = \frac{{}^{120}\,\cancel{12.000}\,€ \cdot p \cdot \cancel{30}^{\,1}}{{}_{1}\cancel{100} \cdot \cancel{360}_{12}} \qquad |\ \text{kürzen}$$

$$120\,€ = \frac{120\,€ \cdot p}{12} \qquad |\ \text{kürzen}$$

$$120\,€ = 10\,€ \cdot p \qquad |:10\,€$$

$$p = 12$$

$$\Rightarrow \underline{\underline{p\,\% = 12\,\%}}$$

Der Jahreszinssatz beträgt 12 %.

4. Die Wahrscheinlichkeit eines Ereignisses E berechnet man mit der Formel:

$$P(E) = \frac{\text{Anzahl der für E günstigen Ergebnisse}}{\text{Anzahl aller möglichen Ergebnisse}}$$

Es liegen 10 Karten auf dem Tisch, deren Buchstaben das Wort „MATHEMATIK" bilden (= alle möglichen Ergebnisse). Darunter sind 2 Karten mit dem Buchstaben „T" (= günstige Ergebnisse).

Wahrscheinlichkeit in Prozent
$P(„T") = \frac{\text{Anzahl der Karten mit „T"}}{\text{Anzahl aller Karten}} = \frac{2}{10} = 0{,}2 = \mathbf{20\,\%}$

5. Die gegebenen Zahlen werden berechnet und dann miteinander verglichen:

$2^0 = \mathbf{1}$ $\quad 4^{\frac{1}{2}} = \sqrt{4} = \mathbf{2}$ $\quad \sqrt[3]{27} = \sqrt[3]{3 \cdot 3 \cdot 3} = \sqrt[3]{3^3} = \mathbf{3}$ $\quad 10^{-2} = \frac{1}{10^2} = \frac{1}{100} = \mathbf{0{,}01}$

Die kleinste der angegebenen Zahlen ist somit 10^{-2}.

Lösung: **D**

6. Es werden 2 beliebige Punkte aus der Wertetabelle in die Funktionsgleichungen eingesetzt und überprüft, ob sich wahre Aussagen ergeben.

- Einsetzen von $(x \mid y) = (0 \mid 3)$ liefert:

Funktion A:	Funktion B:	Funktion C:	Funktion D:
$3 \overset{?}{=} 2 \cdot 0 + 3$	$3 \overset{?}{=} 0^2 + 3$	$3 \overset{?}{=} 4 \cdot 0^2$	$3 \overset{?}{=} 0 + 5$
$3 = 3$	$3 = 3$	$3 \neq 0$	$3 \neq 5$

  Funktionsgleichungen C und D liefern falsche Aussagen und sind somit *ungeeignet.*

- Einsetzen von $(x \mid y) = (1 \mid 4)$ liefert:

Funktion A:	Funktion B:
$4 \overset{?}{=} 2 \cdot 1 + 3$	$4 \overset{?}{=} 1^2 + 3$
$4 \neq 5$	$4 = 4$

  Funktionsgleichung A liefert eine falsche Aussage und ist somit *ungeeignet.*

Lösung: **B**

7. Im gleichschenkligen Dreieck EDA sind die beiden Basiswinkel gleich groß. Die Größe des Basiswinkels α kann also mit der Innenwinkelsumme im Dreieck berechnet werden:

$\alpha + \alpha + \delta = 180° \quad \Rightarrow \quad 2\alpha = 180° - \delta$

Da der Punkt E auf der Strecke $\overline{CD}$ liegt, sind α und β Nebenwinkel und ergänzen sich somit zu 180°. Damit kann die Größe des gesuchten Winkels β bestimmt werden.

Berechnung von α:
Im gleichschenkligen Dreieck EDA gilt:
$\alpha = (180° - \delta) : 2 = (180° - 120°) : 2 = 60° : 2 = 30°$

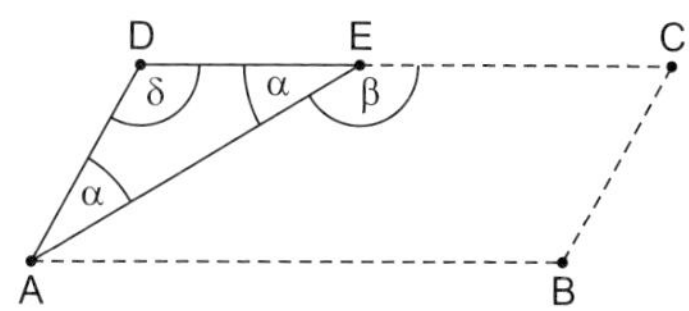

Berechnung von β:
Da α und β Nebenwinkel sind, ergänzen sie sich zu 180°. Damit gilt:
$\beta = 180° - \alpha = 180° - 30° = \underline{\underline{150°}}$

8. Ein Dreieck ist genau dann rechtwinklig, wenn der Satz von Pythagoras gilt. Es wird also überprüft, ob sich durch Einsetzen der gegebenen Größen in den Satz von Pythagoras eine wahre Aussage ergibt. Die 5 m lange Seite wäre dabei als längste Seite die Hypotenuse. Ergibt sich eine wahre Aussage, werden die Wände senkrecht zueinander errichtet.

Überprüfung, ob der Satz von Pythagoras gilt:

$5^2 \overset{?}{=} 4^2 + 3^2$

$25 \overset{?}{=} 16 + 9$

$25 = 25$

Da der Satz von Pythagoras gilt, werden die Wände rechtwinklig zueinander errichtet.

9. Die zu streichende Fläche entspricht dem Flächeninhalt des Dreiecks DCE. Dieser kann mit der Formel $A = \frac{\text{Grundlinie} \cdot \text{Höhe}}{2}$ berechnet werden. Im Dreieck DCE ist die Grundlinie $|\overline{DC}| = |\overline{AB}| = 8{,}00\ \text{m}$ bekannt. Die zugehörige Höhe erhält man, wenn man von der Gesamthöhe $|\overline{EF}|$ des Schuppens die Höhe der Einfahrt $|\overline{CB}|$ abzieht.

Berechnung der Höhe des Dreiecks DCE:
$|\overline{EG}| = |\overline{EF}| - |\overline{CB}| = 7{,}00\ \text{m} - 4{,}00\ \text{m} = 3{,}00\ \text{m}$

Berechnung der zu streichenden Fläche:

$$A = \frac{|\overline{DC}| \cdot |\overline{EG}|}{2} = \frac{8{,}00\ \text{m} \cdot 3{,}00\ \text{m}}{2} = 4{,}00\ \text{m} \cdot 3{,}00\ \text{m} = \underline{\underline{12\ \text{m}^2}}$$

10. Der Reifen kann als Kreis modelliert werden. Der Durchmesser des Reifens ist etwa $\frac{2}{3}$ so groß wie die Person im Vordergrund. Für die Person kann eine Größe von etwa 1,8 m geschätzt werden.
Der Reifenumfang u wird mit der Formel $u = d \cdot \pi$ berechnet.
Hinweis: Zur Vereinfachung kann bei Schätzaufgaben mit $\pi = 3$ gerechnet werden.

Geschätzte Maße:
Größe der Person: 1,8 m

Reifendurchmesser: $\frac{2}{3} \cdot 1{,}8\ \text{m} = \underline{\underline{1{,}2\ \text{m}}}$

Berechnung des Umfangs eines Reifens:
$u = d \cdot \pi \approx 1{,}2\ \text{m} \cdot 3 = \underline{\underline{3{,}6\ \text{m}}}$

Frau Karls Vermutung ist <u>falsch</u>. Der Umfang des Reifens ist größer als 2 m.

Hinweis: Je nach Schätzung kann das Ergebnis variieren. Für den Reifendurchmesser wurden Schätzwerte zwischen 1,2 m und 1,8 m akzeptiert.

Lösung – Aufgabenteil B

Aufgabe 1 – Finanzmathematik

1.1 Herr Brandl wollte sein Geld auf Zinseszinsen anlegen. Die Anzahl der Jahre sowie das Start- und Endkapital sind gegeben. Gesucht ist der Zinssatz p %. Um p % ermitteln zu können, muss zunächst der Zinsfaktor q (auf 4 Nachkommastellen genau) mithilfe der Zinseszinsformel berechnet werden.

Gegeben: $K_0 = 12.500$ €; $K_{12} = 17.000$ €; $n = 12$

Gesucht: p %

Berechnung des Zinsfaktors q:

$$K_n = K_0 \cdot q^n$$

$$17.000\ € = 12.500\ € \cdot q^{12} \quad \big| : 12.500\ €$$

$$1{,}36 = q^{12} \quad \big| \sqrt[12]{}$$

$$q = 1{,}0260$$

Berechnung des Zinssatzes p %:

$$q = 1 + \frac{p}{100} = 1{,}0260 \quad \Rightarrow \quad \underline{\underline{p\,\% = 2{,}60\,\%}}$$

Die Bank hätte Herrn Brandl einen Zinssatz von 2,60 % anbieten müssen.

1.2 Da die Bank nur einen niedrigeren Zinssatz von p % = 1,25 % zahlen konnte, musste Herr Brandl jährlich nachschüssige Rentenzahlungen leisten, um in 12 Jahren auf ein Guthaben von 17.000 € zu kommen. Es handelt sich also um eine nachschüssige Kapitalmehrung. Die Höhe r einer Rate wird mit der Formel für die kombinierte Zinseszins-/Rentenzahlung mit Kapitalmehrung berechnet.

Gegeben: $K_0 = 12.500$ €; $n = 12$; $K_{12} = 17.000$ €; $p\,\% = 1{,}25\,\% \Rightarrow q = 1{,}0125$

Gesucht: r

Berechnung der nachschüssigen Rate r:

$$K_n = K_0 \cdot q^n + r \cdot \frac{q^n - 1}{q - 1}$$

$$17.000\ € = 12.500\ € \cdot 1{,}0125^{12} + r \cdot \frac{1{,}0125^{12} - 1}{1{,}0125 - 1}$$

$$17.000\ € = 14.509{,}43\ € + r \cdot 12{,}86 \quad \big| -14.509{,}43\ €$$

$$2.490{,}57\ € = 12{,}86 \cdot r \quad \big| : 12{,}86$$

$$\underline{\underline{r = 193{,}67\ €}}$$

Herr Brandl hätte jährlich nachschüssig 193,67 € einzahlen müssen.

1.3 Herr Brandl legt sein Kapital in Höhe von 17.000 € zu einem Zinssatz von 1,5 % an. Er möchte jährlich vorschüssig so lange 3.000 € abheben, bis das Kapital aufgebraucht, also $K_n' = 0$ € ist. Es handelt sich um eine Kapitalminderung, bei der die Laufzeit n gesucht ist. Diese wird mit der Formel für die kombinierte Zinseszins-/Rentenzahlung mit Kapitalminderung berechnet.

Gegeben: $K_0 = 17.000\ €$; $K_n^{'} = 0\ €$; $r = 3.000\ €$ (vorschüssig)

$p\,\% = 1{,}5\,\% \quad \Rightarrow \quad q = 1{,}015$

Gesucht: n

Berechnung der Anzahl n der Jahre:

$$K_n^{'} = K_0 \cdot q^n - r \cdot q \cdot \frac{q^n - 1}{q - 1}$$

$$0\ € = 17.000\ € \cdot 1{,}015^n - 3.000\ € \cdot 1{,}015 \cdot \frac{1{,}015^n - 1}{1{,}015 - 1}$$

$$0\ € = 17.000\ € \cdot 1{,}015^n - 3.045\ € \cdot \frac{1{,}015^n - 1}{0{,}015} \qquad \big| \cdot 0{,}015$$

$$0\ € = 255\ € \cdot 1{,}015^n - 3.045\ € \cdot (1{,}015^n - 1)$$

Substitution: $x = 1{,}015^n$

$$0\ € = 255\ € \cdot x - 3.045\ € \cdot (x - 1)$$

$$0\ € = 255\ € \cdot x - 3.045\ € \cdot x + 3.045\ € \qquad \big| - 3.045\ €$$

$$-3.045\ € = -2.790\ € \cdot x \qquad \big| : (-2.790\ €)$$

$$x = 1{,}0914$$

Rück-Substitution: $1{,}0914 = 1{,}015^n$

$$1{,}015^n = 1{,}0914 \qquad \big| \lg$$

$$n \cdot \lg 1{,}015 = \lg 1{,}0914 \qquad \big| : \lg 1{,}015$$

$$n = \frac{\lg 1{,}0914}{\lg 1{,}015}$$

$$n = 5{,}87$$

Herr Brandl kann seinen Sohn 5 Jahre lang mit den vollen 3.000 € unterstützen.

Alternative Berechnung von n ohne die Substitution:

$$K_n^{'} = K_0 \cdot q^n - r \cdot q \cdot \frac{q^n - 1}{q - 1}$$

$$0\ € = 17.000\ € \cdot 1{,}015^n - 3.000\ € \cdot 1{,}015 \cdot \frac{1{,}015^n - 1}{1{,}015 - 1} \qquad \big| \cdot 0{,}015$$

$$0\ € = 255\ € \cdot 1{,}015^n - 3.045\ € \cdot (1{,}015^n - 1)$$

$$0\ € = 255\ € \cdot 1{,}015^n - 3.045\ € \cdot 1{,}015^n + 3.045\ € \qquad \big| - 3.045\ €$$

$$-3.045\ € = -2.790\ € \cdot 1{,}015^n \qquad \big| : (-2.790\ €)$$

$$1{,}0914 = 1{,}015^n \qquad \big| \lg$$

$$\lg 1{,}0914 = n \cdot \lg 1{,}015 \qquad \big| : \lg 1{,}015$$

$$n = \frac{\lg 1{,}0914}{\lg 1{,}015}$$

$$n = 5{,}87$$

Herr Brandl kann seinen Sohn 5 Jahre lang mit den vollen 3.000 € unterstützen.

1.4 Aus dem Darlehensvertrag geht hervor, dass es sich um Annuitätentilgung handelt (siehe §4). Das bedeutet, dass die Annuität (= Zins + Tilgung) während der gesamten Laufzeit gleich bleibt. Für die Erstellung des Tilgungsplans müssen die Restschuld und die jährlich zu zahlenden Zinsen und Tilgungen berechnet werden. Die Schuld am Ende des Jahres ist gleichzeitig die Schuld zu Beginn des neuen Jahres.

Gegeben: $K_0 = 25.000$ €; $A = 2.000$ €; $p\,\% = 3{,}20\,\%$

Gesucht: Z_1; T_1; S_1; Z_2; T_2; S_2

Berechnung der Zinsen Z_1 im 1. Jahr:

$$Z_1 = K_0 \cdot \frac{p}{100} = 25.000\text{ €} \cdot \frac{3{,}20}{100} = 800\text{ €}$$

Berechnung der Tilgung T_1 im 1. Jahr:

$$T_1 = A - Z_1 = 2.000\text{ €} - 800\text{ €} = 1.200\text{ €}$$

Berechnung der Restschuld S_1 am Ende des 1. Jahres:

$$S_1 = K_0 - T_1 = 25.000\text{ €} - 1.200\text{ €} = 23.800\text{ €}$$

Berechnung der Zinsen Z_2 im 2. Jahr:

$$Z_2 = S_1 \cdot \frac{p}{100} = 23.800\text{ €} \cdot \frac{3{,}20}{100} = 761{,}60\text{ €}$$

Berechnung der Tilgung T_2 im 2. Jahr:

$$T_2 = A - Z_2 = 2.000\text{ €} - 761{,}60\text{ €} = 1.238{,}40\text{ €}$$

Berechnung der Restschuld S_2 am Ende des 2. Jahres:

$$S_2 = S_1 - T_2 = 23.800\text{ €} - 1.238{,}40\text{ €} = 22.561{,}60\text{ €}$$

Erstellung des Tilgungsplans:

Jahr	Schuld am Jahresanfang	Zinsen	Tilgung	Annuität	Schuld am Jahresende
1	25.000 €	800 €	1.200 €	2.000 €	23.800 €
2	23.800 €	761,60 €	1.238,40 €	2.000 €	22.561,60 €

1.5 Die Restschuld nach dem 8. Jahr wird mit der Restschuldformel für eine nachschüssige Annuitätentilgung berechnet. Wichtig dabei ist, dass in der Formel n für die Gesamtlaufzeit steht und v das gesuchte Jahr (während der Laufzeit) darstellt.

Gegeben: $K_0 = 25.000$ €; $A = 2.000$ €; $v = 8$; $p\,\% = 3{,}20\,\% \Rightarrow q = 1{,}0320$

Gesucht: K_8

Berechnung der Höhe der Restschuld nach 8 Jahren:

$$K_v = K_0 \cdot q^v - \frac{A \cdot (q^v - 1)}{q - 1}$$

$$K_8 = 25.000\text{ €} \cdot 1{,}0320^8 - \frac{2.000\text{ €} \cdot (1{,}0320^8 - 1)}{1{,}0320 - 1}$$

$$\underline{\underline{K_8 = 14.253{,}16\text{ €}}}$$

Nach 8 Jahren beträgt die Restschuld 14.253,16 €.

Aufgabe 2 – Funktionaler Zusammenhang

2.1 *1. Möglichkeit: Betrachtung der Parameter*

Die Normalform einer quadratischen Funktion lautet $y = ax^2 + bx + c$. Die Parameter a, b und c können mithilfe der gegebenen Punkte $A(0\,|\,2{,}75)$ und $B(2\,|\,4{,}85)$ bestimmt werden.

Normalform einer quadratischen Funktion: $y = ax^2 + bx + c$

Betrachtung der Parameter:

- Parameter a:
  Die Formvariable $a = -0{,}25$ ist gegeben.
- Parameter c:
  Einsetzen von $A(0\,|\,2{,}75)$ in die Parabelgleichung $y = -0{,}25x^2 + bx + c$ liefert:
  $2{,}75 = -0{,}25 \cdot 0^2 + b \cdot 0 + c \quad \Rightarrow \quad c = 2{,}75$
- Parameter b:
  Einsetzen von $B(2\,|\,4{,}85)$ in die Parabelgleichung $y = -0{,}25x^2 + bx + 2{,}75$ liefert:

$$\begin{aligned} 4{,}85 &= -0{,}25 \cdot 2^2 + b \cdot 2 + 2{,}75 && |-2{,}75 \\ 2{,}1 &= -1 + 2b && |+1 \\ 3{,}1 &= 2b && |:2 \\ b &= 1{,}55 \end{aligned}$$

Die Funktionsgleichung der Flugparabel p_1 lautet: $\underline{\underline{y = -0{,}25x^2 + 1{,}55x + 2{,}75}}$

2. Möglichkeit: Aufstellen eines Gleichungssystems

Zur Berechnung der Parameter b und c werden die Punkte $A(0\,|\,2{,}75)$ und $B(2\,|\,4{,}85)$ und die Formvariable $a = -0{,}25$ in die Normalform $y = ax^2 + bx + c$ eingesetzt. So erhält man ein Gleichungssystem aus zwei Gleichungen mit den zwei Unbekannten b und c.

Rechenschritte	**Erläuterungen**
$y = ax^2 + bx + c$	Einsetzen von $A(0\,|\,2{,}75)$, $B(2\,|\,4{,}85)$ und $a = -0{,}25$ liefert zwei Gleichungen mit zwei Unbekannten
I $\quad 2{,}75 = -0{,}25 \cdot 0^2 + b \cdot 0 + c$	$A(0\,|\,2{,}75)$ und $a = -0{,}25$ eingesetzt
II $\quad 4{,}85 = -0{,}25 \cdot 2^2 + b \cdot 2 + c$	$B(2\,|\,4{,}85)$ und $a = -0{,}25$ eingesetzt
I $\quad 2{,}75 = c$	
II $\quad 4{,}85 = -1 + 2b + c$	
Berechnung von b:	Einsetzen von $c = 2{,}75$ in Gleichung II
I in II $\quad 4{,}85 = -1 + 2b + 2{,}75 \quad |-1{,}75$	Auflösen nach b
$3{,}1 = 2b \quad |:2$	
$b = 1{,}55$	
Funktionsgleichung von p_1:	
$\underline{\underline{y = -0{,}25x^2 + 1{,}55x + 2{,}75}}$	Einsetzen von a, b und c in die Normalform

2.2 Der Korb befindet sich im Punkt $K(6\,|\,y_K)$. Um die Höhe des Korbrings y_K zu berechnen, muss der zugehörige Wert $x = 6$ in die Funktionsgleichung $y = -0{,}25x^2 + 1{,}55x + 2{,}75$ eingesetzt werden.

Rechenschritte	Erläuterungen
$y = -0,25x^2 + 1,55x + 2,75$	Einsetzen der Koordinate x = 6
$y_K = -0,25 \cdot 6^2 + 1,55 \cdot 6 + 2,75$	
$y_K = 3,05$	

Der Korbring befindet sich in $\underline{\underline{3,05\text{ m}}}$ Höhe über dem Boden.

2.3 Der höchste Punkt der optimalen Flugkurve ist der Scheitelpunkt der Parabel p_1. Es gibt mehrere Möglichkeiten, den Scheitelpunkt der Parabel zu berechnen.

1. Möglichkeit: Scheitelpunktformel

Rechenschritte	Erläuterungen
$y = -0,25x^2 + 1,55x + 2,75$	$a = -0,25;\ b = 1,55;\ c = 2,75$
Berechnung von x_S:	
$x_S = -\frac{b}{2a} = -\frac{1,55}{2 \cdot (-0,25)} = 3,1$	Berechnung von x_S mithilfe der Scheitelpunktformel
Berechnung von y_S:	
$y_S = c - \frac{b^2}{4a} = 2,75 - \frac{1,55^2}{4 \cdot (-0,25)} = 5,15$	Berechnung von y_S mithilfe der Scheitelpunktformel

Der höchste Punkt der optimalen Flugkurve ist der Scheitelpunkt $\underline{\underline{S(3,1\,|\,5,15)}}$.

2. Möglichkeit: Berechnung der Scheitelform

Rechenschritte	Erläuterungen
$y = -0,25x^2 + 1,55x + 2,75$	Ausklammern des Formfaktors a = –0,25
$y = -0,25 \cdot (x^2 - 6,2x - 11)$	Quadratische Ergänzung
$y = -0,25 \cdot (x^2 - 6,2x + 3,1^2 - 3,1^2 - 11)$	
$y = -0,25 \cdot [(x - 3,1)^2 - 20,61]$	Ausmultiplizieren der eckigen Klammer
$y = -0,25(x - 3,1)^2 + 5,15$	Scheitelform der Parabelgleichung Scheitelpunktkoordinaten: $x_S = 3,1$ und $y_S = 5,15$

Der höchste Punkt der optimalen Flugkurve ist der Scheitelpunkt $\underline{\underline{S(3,1\,|\,5,15)}}$.

2.4 Die Sitzbank g kann als eine lineare Funktion dargestellt werden. Es sind also zwei Punkte $P(5\,|\,0)$ und $Q(7\,|\,1,5)$ der Geraden g gegeben, deren Funktionsgleichung zu berechnen ist. Dazu werden 2 Lösungswege aufgezeigt.

1. Möglichkeit: Lösung mithilfe der Zwei-Punkte-Form

Gegeben sind die Punkte $P(5\,|\,0) = P(x_1\,|\,y_1)$ und $Q(7\,|\,1,5) = Q(x_2\,|\,y_2)$. x_1 steht dabei für den x-Wert des 1. Punktes und y_1 für den y-Wert des 1. Punktes. Analog beschreibt x_2 den x-Wert des 2. Punktes und y_2 den y-Wert des 2. Punktes. Die Variablen x und y sind die Parameter der Funktionsgleichung.

Rechenschritte	Erläuterungen
$\frac{y-y_1}{x-x_1}=\frac{y_2-y_1}{x_2-x_1}$	Zwei-Punkte-Form der Geradengleichung Einsetzen von: $x_1=5$; $y_1=0$; $x_2=7$; $y_2=1{,}5$
$\frac{y-0}{x-5}=\frac{1{,}5-0}{7-5}$	
$\frac{y}{x-5}=\frac{1{,}5}{2} \quad \vert\cdot(x-5)$	Auflösen nach y
$y=0{,}75\cdot(x-5)$	
$y=0{,}75x-3{,}75$	

Die Funktionsgleichung der Geraden g lautet: $\underline{\underline{y=0{,}75x-3{,}75}}$

2. Möglichkeit: Lösung über ein Gleichungssystem

Rechenschritte	Erläuterungen
$y=mx+t$	Einsetzen der Punkte $P(5\vert0)$ und $Q(7\vert1{,}5)$ liefert 2 Gleichungen mit 2 Unbekannten
I $\quad 0=5m+t \quad \vert\cdot(-1)$	$P(5\vert0)$ eingesetzt
II $\quad 1{,}5=7m+t$	$Q(7\vert1{,}5)$ eingesetzt
I' $\quad 0=-5m-t$	
II $\quad 1{,}5=7m+t$	
Berechnung von m:	
I'+ II $\quad 1{,}5=2m \quad \vert:2$	Addition der Gleichungen I' und II und Auflösen nach m
$m=0{,}75$	
Berechnung von t:	
$y=0{,}75x+t$	Einsetzen von $P(5\vert0)$
$0=0{,}75\cdot5+t \quad \vert-3{,}75$	Auflösen nach t
$t=-3{,}75$	
Funktionsgleichung von g:	
$\underline{\underline{y=0{,}75x-3{,}75}}$	Einsetzen von m und t in die Geradengleichung

2.5 Da der Ball nach einem Treffer im Korb im Punkt $K(6\vert3{,}05)$ senkrecht nach unten fällt, trifft er im Punkt C bei $x=6$ auf die Bank g. Die gesuchte Fallhöhe f ist die Differenz aus Korbhöhe und der y-Koordinate von C. Es muss also zunächst die y-Koordinate des Auftreffpunkts C berechnet werden. Dafür wird $x=6$ in $y=0{,}75x-3{,}75$ eingesetzt.

Berechnung der y-Koordinate des Punktes C an der Stelle x = 6:

Rechenschritte	Erläuterungen
$y_C=0{,}75\cdot6-3{,}75$	Einsetzen der Koordinate $x=6$
$y_C=0{,}75$	

Berechnung der Fallhöhe f:

$f = y_K - y_C = 3{,}05 - 0{,}75 = 2{,}30$

Die Fallhöhe f beträgt $\underline{\underline{2{,}30\ \text{m}}}$.

2.6 Der Ball springt erstmals an der linken Nullstelle der Flugparabel p_2 auf. Da Dennis im Nullpunkt steht, entspricht der Abstand zu Dennis dem Wert der linken Nullstelle.

Bestimmung der Nullstellen der Parabel p_2:

Rechenschritte	**Erläuterungen**
$y = -0{,}5x^2 + 4{,}75x - 9{,}75$	Nullsetzen der Funktionsgleichung von p_2
$0 = -0{,}5x^2 + 4{,}75x - 9{,}75$	$a = -0{,}5$; $b = 4{,}75$; $c = -9{,}75$
Lösungsformel:	
$x_{1/2} = \frac{-b \pm \sqrt{b^2 - 4ac}}{2a}$	
$x_{1/2} = \frac{-4{,}75 \pm \sqrt{4{,}75^2 - 4 \cdot (-0{,}5) \cdot (-9{,}75)}}{2 \cdot (-0{,}5)}$	
$x_{1/2} = \frac{-4{,}75 \pm \sqrt{3{,}0625}}{-1}$	
$x_{1/2} = 4{,}75 \pm 1{,}75$	
$x_1 = 3; \quad (x_2 = 6{,}5)$	Es wird nur die linke Nullstelle benötigt.

Der Ball springt das erste Mal $\underline{\underline{3\ \text{m}}}$ vor Dennis auf den Boden.

Aufgabe 3 – Trigonometrie

3.1 Die Länge der Strecke $\overline{CA}$ wird im rechtwinkligen Teildreieck ABC des Rechtecks ABCD mit dem Satz von Pythagoras berechnet.

Berechnung von $|\overline{CA}|$ im rechtwinkligen Dreieck ABC mit dem Satz von Pythagoras:

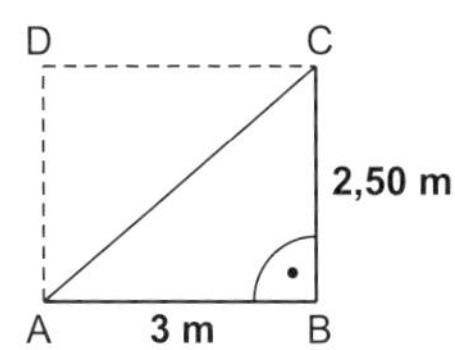

$|\overline{CA}|^2 = |\overline{AB}|^2 + |\overline{BC}|^2$

$|\overline{CA}|^2 = (3\ \text{m})^2 + (2{,}50\ \text{m})^2 \quad |\sqrt{\ }$

$|\overline{CA}| = \sqrt{(3\ \text{m})^2 + (2{,}50\ \text{m})^2}$

$|\overline{CA}| = \sqrt{15{,}25\ \text{m}^2}$

$|\overline{CA}| = 3{,}91\ \text{m}$

$\Rightarrow \underline{\underline{|\overline{AC}| = |\overline{CA}| = 3{,}91\ \text{m}}}$

3.2 Der Winkel α kann mit dem Tangens, Sinus oder Kosinus im rechtwinkligen Dreieck ABC berechnet werden.

Berechnung von α mit dem Tangens im rechtwinkligen Dreieck ABC:

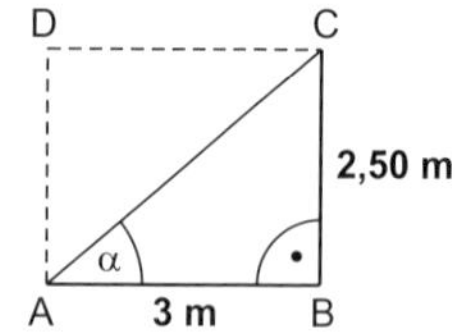

$$\tan\alpha = \frac{\text{Gegenkathete}}{\text{Ankathete}} = \frac{|\overline{BC}|}{|\overline{AB}|} = \frac{2{,}50\text{ m}}{3\text{ m}} = \frac{5}{6}$$

$$\underline{\underline{\alpha = 39{,}81°}}$$

Alternative Berechnung mit dem Sinus:

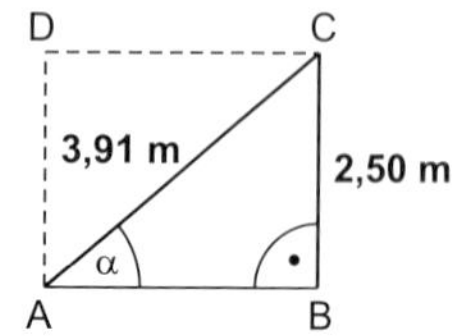

$$\sin\alpha = \frac{\text{Gegenkathete}}{\text{Hypotenuse}} = \frac{|\overline{BC}|}{|\overline{CA}|} = \frac{2{,}50\text{ m}}{3{,}91\text{ m}} = 0{,}63938\ldots$$

$$\underline{\underline{\alpha = 39{,}75°}}$$

Alternative Berechnung mit dem Kosinus:

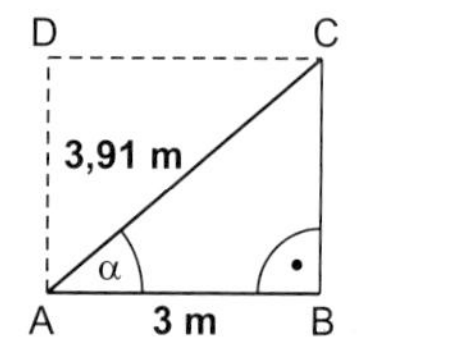

$$\cos\alpha = \frac{\text{Ankathete}}{\text{Hypotenuse}} = \frac{|\overline{AB}|}{|\overline{CA}|} = \frac{3\text{ m}}{3{,}91\text{ m}} = 0{,}76726\ldots$$

$$\underline{\underline{\alpha = 39{,}89°}}$$

Hinweis: Zu den Abweichungen im Ergebnis kommt es, weil für die Länge der Hypotenuse mit einem gerundeten Wert gerechnet wurde. Der Lösungsweg über den Tangens liefert das exakteste Ergebnis, das mit dem angegebenen Wert übereinstimmt.

3.3 Da das Viereck ABCD ein Rechteck ist, sind die Dreiecke ABE und DEC kongruent und flächengleich. Der Flächeninhalt des Dreiecks DEC wird mit der Formel $A = \frac{1}{2} \cdot a \cdot b \cdot \sin\gamma$ berechnet. Dabei wird der verwendete Winkel von den verwendeten Seiten eingeschlossen. Alternativ kann der Flächeninhalt mit der Formel $A = \frac{\text{Grundlinie} \cdot \text{Höhe}}{2}$ berechnet werden.

Berechnung der Größe der Werbefläche:

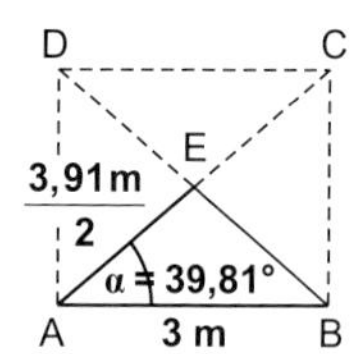

$$A_{DEC} = A_{ABE} = \frac{1}{2} \cdot |\overline{AB}| \cdot \frac{|\overline{AC}|}{2} \cdot \sin\alpha$$

$$A_{DEC} = \frac{1}{2} \cdot 3\text{ m} \cdot \frac{3{,}91\text{ m}}{2} \cdot \sin 39{,}81°$$

$$\underline{\underline{A_{DEC} = 1{,}88\text{ m}^2}}$$

Alternative Berechnung:

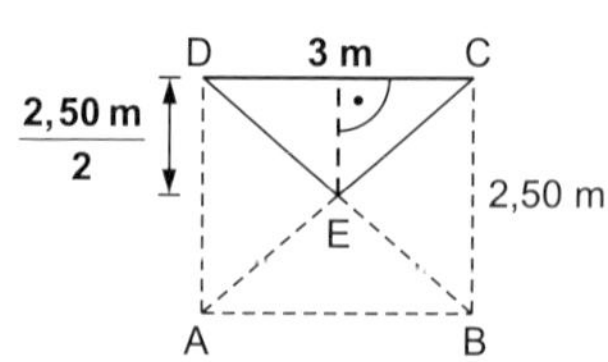

$$A_{DEC} = \frac{\text{Grundlinie} \cdot \text{Höhe}}{2}$$

$$A_{DEC} = \frac{|\overline{AB}| \cdot \frac{|\overline{BC}|}{2}}{2}$$

$$A_{DEC} = \frac{3\text{ m} \cdot \frac{2{,}50\text{ m}}{2}}{2} = \underline{\underline{1{,}88\text{ m}^2}}$$

3.4 Im allgemeinen Dreieck LFD sind zwei Winkel und eine Seitenlänge bekannt. Die Länge des Abspannseils kann mit dem Sinussatz berechnet werden.

Berechnung von $|\overline{FD}|$:

$|\overline{FD}| = |\overline{FA}| + |\overline{AD}| = 15\text{ cm} + 2{,}50\text{ m} = 0{,}15\text{ m} + 2{,}50\text{ m} = 2{,}65\text{ m}$

Berechnung von $|\overline{DL}|$ mit dem Sinussatz im allgemeinen Dreieck LFD:

$$\frac{|\overline{DL}|}{\sin\gamma} = \frac{|\overline{FD}|}{\sin\beta}$$

$$\frac{|\overline{DL}|}{\sin 87^\circ} = \frac{2{,}65\text{ m}}{\sin 65^\circ} \qquad |\cdot \sin 87^\circ$$

$$|\overline{DL}| = \frac{2{,}65\text{ m}\cdot\sin 87^\circ}{\sin 65^\circ}$$

$$\underline{\underline{|\overline{DL}| = 2{,}92\text{ m}}}$$

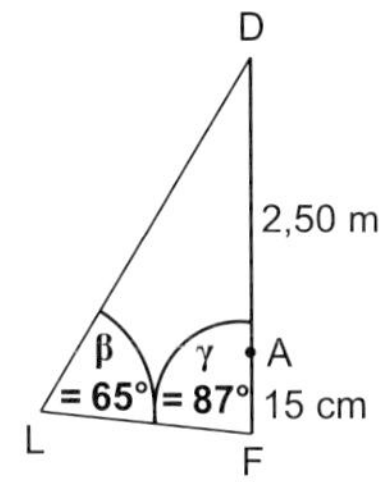

3.5 Im allgemeinen Dreieck GHJ sind die Längen der Seiten $\overline{JG}$ und $\overline{GH}$ bekannt. Da die Geraden DF und JG parallel sind, sind der Stufenwinkel von γ und $\gamma' = \sphericalangle HGJ$ Nebenwinkel und somit gleich groß. γ und γ' ergänzen sich also zu 180°. Nach der Berechnung von γ' sind im allgemeinen Dreieck GHJ somit $|\overline{JG}|$ und $|\overline{GH}|$ sowie der eingeschlossene Winkel γ' bekannt. Die Länge des Seils $\overline{HJ}$ wird mit dem Kosinussatz berechnet.

Berechnung von $|\overline{JG}|$:

$|\overline{JG}| = |\overline{JK}| + |\overline{KG}|$

$|\overline{JG}| = 2{,}50\text{ m} + 62\text{ cm}$

$|\overline{JG}| = 2{,}50\text{ m} + 0{,}62\text{ m}$

$|\overline{JG}| = 3{,}12\text{ m}$

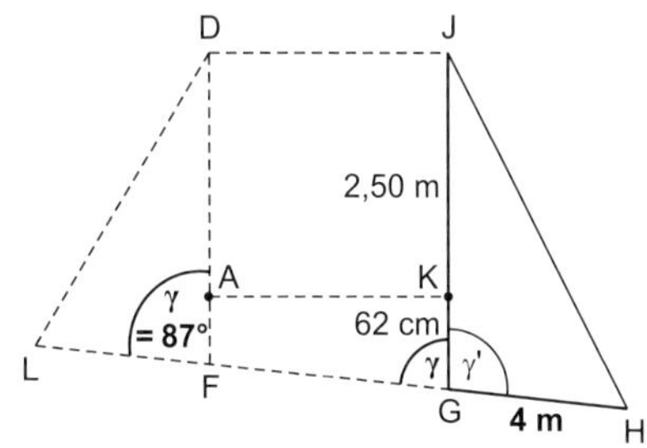

Berechnung von $\gamma' = \sphericalangle HGJ$:
Der Stufenwinkel von γ und γ' sind Nebenwinkel. Somit gilt:

$\gamma' = 180^\circ - \gamma = 180^\circ - 87^\circ = 93^\circ$

Berechnung von $|\overline{HJ}|$ im allgemeinen Dreieck GHJ mit dem Kosinussatz:

$$|\overline{HJ}|^2 = |\overline{JG}|^2 + |\overline{GH}|^2 - 2\cdot|\overline{JG}|\cdot|\overline{GH}|\cdot\cos\gamma' \qquad |\sqrt{}$$

$$|\overline{HJ}| = \sqrt{(3{,}12\text{ m})^2 + (4\text{ m})^2 - 2\cdot 3{,}12\text{ m}\cdot 4\text{ m}\cdot\cos 93^\circ}$$

$$|\overline{HJ}| = \sqrt{27{,}04\text{ m}^2}$$

$$\underline{\underline{|\overline{HJ}| = 5{,}2\text{ m}}}$$

Aufgabe 4 – Daten und Zufall

4.1 Im Jahr 2016 wurde auf dem deutschen Musikmarkt ein Gesamtumsatz von 1,58 Milliarden Euro (=1.580 Millionen Euro) erzielt. Laut Säulendiagramm entfielen davon 384 Mio. Euro auf Streaming-Abos. Gesucht ist der prozentuale Anteil der Streaming-Abos (relative Häufigkeit). Dieser kann auch mit dem Dreisatz oder der Lösungsformel berechnet werden.

Berechnung der relativen Häufigkeit:

$$h = \frac{\text{Umsatz mit Streaming-Abos 2016}}{\text{Gesamtumsatz 2016}} = \frac{384 \text{ Mio. €}}{1.580 \text{ Mio. €}} = 0{,}2430 = \underline{\underline{24{,}30\ \%}}$$

Alternative Lösungsmöglichkeiten:

Mit dem Dreisatz:

$$\begin{array}{lrcll} :1.580 & 1.580 \text{ Mio. €} & \hat{=} & 100\ \% & :1.580 \\ & 1 \text{ Mio. €} & \hat{=} & \frac{100}{1.580}\ \% & \\ \cdot 384 & 384 \text{ Mio. €} & \hat{=} & \underline{\underline{24{,}30\ \%}} & \cdot 384 \end{array}$$

Mit der Lösungsformel:

Gegeben: $G = 1.580$ Mio. €
$P = 384$ Mio. €

Gesucht: $p\ \%$

$$p = \frac{P \cdot 100}{G}$$

$$p = \frac{384 \text{ Mio. €} \cdot 100}{1.580 \text{ Mio. €}}$$

$$p = 24{,}30 \quad \Rightarrow \quad \underline{\underline{p\ \% = 24{,}30\ \%}}$$

4.2 Im Jahr 2016 gab es weltweit 100,4 Mio. Musikstreaming-Abonnenten. Laut Kreisdiagramm nutzten davon 43 % Spotify (relative Häufigkeit). Gesucht ist die Anzahl der Spotify-Abonnenten im Jahr 2016 (absolute Häufigkeit). Diese kann auch mit dem Dreisatz oder der Lösungsformel berechnet werden.

Berechnung der absoluten Häufigkeit:

$$h_{\text{Spotify}} = \frac{\text{Anzahl der Spotify-Abonnenten 2016}}{\text{Anzahl aller Streaming-Abonnenten 2016}}$$

$$0{,}43 = \frac{H_{\text{Spotify}}}{100{,}4 \text{ Mio.}} \qquad | \cdot 100{,}4 \text{ Mio.}$$

$$H_{\text{Spotify}} = 0{,}43 \cdot 100{,}4 \text{ Mio.}$$

$$\underline{\underline{H_{\text{Spotify}} = 43{,}172 \text{ Mio.}}}$$

Alternative Lösungsmöglichkeiten:

Mit dem Dreisatz:

$$\begin{array}{lrcll} :100 & 100\ \% & \hat{=} & 100{,}4 \text{ Mio.} & :100 \\ \cdot 43 & 1\ \% & \hat{=} & 1{,}004 \text{ Mio.} & \cdot 43 \\ & 43\ \% & \hat{=} & \underline{\underline{43{,}172 \text{ Mio.}}} & \end{array}$$

Mit der Lösungsformel:

Gegeben: $G = 100{,}4$ Mio. €
$p\ \% = 43\ \%$

Gesucht: P

$$P = \frac{G \cdot p}{100}$$

$$P = \frac{100{,}4 \text{ Mio.} \cdot 43}{100}$$

$$\underline{\underline{P = 43{,}172 \text{ Mio.}}}$$

4.3 **Berechnung der durchschnittlichen Ausgaben (arithmetisches Mittel) $\overline{x}$:**

Die einzelnen Werte werden addiert und das Ergebnis durch die Anzahl der Werte geteilt.

$$\overline{x} = \frac{2\,€+5\,€+14\,€+4\,€+5\,€+9\,€+20\,€+30\,€+15\,€+8\,€}{10} = \frac{112\,€}{10} = \underline{\underline{11{,}20\,€}}$$

Berechnung des Medians x_{med}:

Zunächst werden die Werte der Größe nach geordnet. Da eine gerade Anzahl an Daten vorliegt, ist der Median das arithmetische Mittel der beiden in der Mitte liegenden Werte.

Der Größe nach geordnete Datenmenge:

2 € 4 € 5 € 5 € **8 €** **9 €** 14 € 15 € 20 € 30 €

$$x_{med} = \frac{8\,€+9\,€}{2} = \underline{\underline{8{,}5\,€}}$$

Berechnung der Spannweite R:

Die Spannweite ist die Differenz aus größtem und kleinstem Wert der Datenmenge.

$$R = x_{max} - x_{min} = 30\,€ - 2\,€ = \underline{\underline{28\,€}}$$

4.4 Für die Übergangswahrscheinlichkeiten des Baumdiagramms gilt:

- Im Einleitungstext steht, dass 78 % (= 0,78) der Internetnutzer Streaming-Dienste verwenden. Somit nutzen 100 % − 78 % = 22 % (= 0,22) keine Streaming-Dienste.
  Hinweis: Diese Werte kann man auch der linken Grafik des Zusatzblattes entnehmen.
- Der rechten Grafik des Zusatzblattes kann man entnehmen, dass 63 % (= 0,63) Gratisdienste nutzen. Somit bezahlen 100 % − 63 % = 37 % (= 0,37) für Streaming-Dienste.
- Da die Summe der Wahrscheinlichkeiten auf den Ästen, die von einem Verzweigungspunkt ausgehen, 1 ergeben muss, gilt für die Wahrscheinlichkeit für User von Streaming-Diensten, die kostenpflichtiges Audio & Video nutzen: $P = 1 - (0{,}35 + 0{,}57) = 0{,}08$

Baumdiagramm:

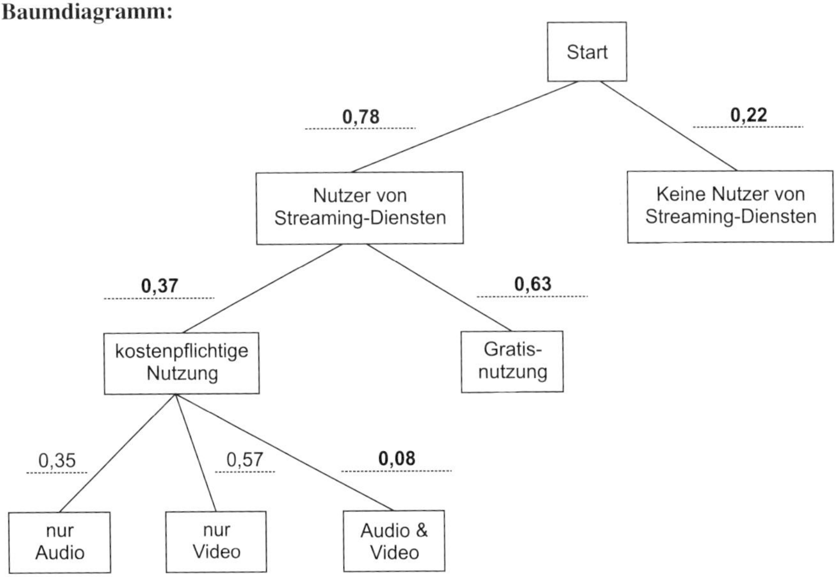

4.5 Gesucht ist die Wahrscheinlichkeit dafür, dass ein User Streaming-Dienste gratis nutzt. Zur Berechnung der Wahrscheinlichkeit muss man entsprechend der Produktregel dem mittleren Pfad folgen und die Wahrscheinlichkeiten entlang des Pfads multiplizieren.

$P(E_1) = P(\text{Nutzer von Streaming-Diensten; Gratisnutzung})$

$P(E_1) = 0{,}78 \cdot 0{,}63 = 0{,}4914 = \underline{\underline{49{,}14\,\%}}$

4.6 Gesucht ist die Wahrscheinlichkeit dafür, dass ein User kostenpflichtiges Videostreaming nutzt. Dafür gibt es die beiden Möglichkeiten, dass der User kostenpflichtig nur Video oder kostenpflichtig Video & Audio nutzt. Die einzelnen Wahrscheinlichkeiten werden mithilfe der Produktregel berechnet und dann aufsummiert.

$P(E_2) = P(\text{Nutzer von Streaming-Diensten; kostenpflichtige Nutzung; nur Video})$
$\quad + P(\text{Nutzer von Streaming-Diensten; kostenpflichtige Nutzung; Audio \& Video})$

$P(E_2) = 0{,}78 \cdot 0{,}37 \cdot 0{,}57 + 0{,}78 \cdot 0{,}37 \cdot 0{,}08$

$P(E_2) = 0{,}18759$

$P(E_2) = \underline{\underline{18{,}76\,\%}}$

Aufgabe 5 – Raum und Form

5.1 Um die beiden Volumina miteinander vergleichen zu können, muss zunächst das Volumen des Halbkugelgrills mithilfe der Formel $V_{Halbkugel} = \frac{1}{2} \cdot \frac{4}{3} \cdot r^3 \cdot \pi$ berechnet werden.
Es gilt: $1\ dm^3 = 1\ \ell$

Radius des Halbkugelgrills:
$d = 36\ cm \quad \Rightarrow \quad r = 0{,}5 \cdot d = 0{,}5 \cdot 36\ cm = 18\ cm$

Volumen des Halbkugelgrills:

$$V_{Halbkugel} = \frac{1}{2} \cdot \frac{4}{3} \cdot r^3 \cdot \pi = \frac{1}{2} \cdot \frac{4}{3} \cdot (18\ cm)^3 \cdot \pi = 12.214{,}51\ cm^3 = 12{,}21\ dm^3 = 12{,}21\ \ell$$

Der Halbkugelgrill besitzt mit 12,21 ℓ ein geringeres Volumen als der Kegelgrill mit 19 ℓ.

5.2 Die Höhe des Kegelgrills wird mithilfe der Volumenformel $V_{Kegel} = \frac{1}{3} \cdot r^2 \cdot \pi \cdot h$ berechnet.
Es gilt: $19\ \ell = 19\ dm^3 = 19.000\ cm^3$

Berechnung der Höhe h des Kegelgrills:

$$V_{Kegel} = \frac{1}{3} \cdot r^2 \cdot \pi \cdot h$$

$$19.000\ cm^3 = \frac{1}{3} \cdot (18\ cm)^2 \cdot \pi \cdot h$$

$$19.000\ cm^3 = 108\ cm^2 \cdot \pi \cdot h \qquad |:(108\ cm^2 \cdot \pi)$$

$$h = \frac{19.000\ cm^3}{108\ cm^2 \cdot \pi}$$

$$\underline{\underline{h = 56\ cm}}$$

5.3 Die Fläche, die lackiert werden muss, entspricht der Mantelfläche des Kegels. Um diese berechnen zu können, muss zunächst die Seitenlinie s mit dem Satz von Pythagoras berechnet werden. Dann kennt man alle nötigen Größen, um mit der Formel $M = r \cdot s \cdot \pi$ die Mantelfläche des Kegels zu berechnen. Es gilt: $1\ m^2 = 100\ dm^2 = 10.000\ cm^2$
Achtung: Das Ergebnis ist auf m^2 zu runden.

Berechnung der Seitenlinie s mit dem Satz von Pythagoras:

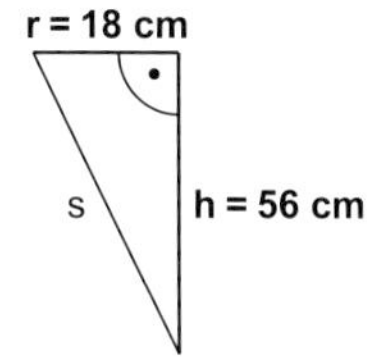

$s^2 = r^2 + h^2$

$s^2 = (18\ cm)^2 + (56\ cm)^2 \quad |\sqrt{\ }$

$s = \sqrt{(18\ cm)^2 + (56\ cm)^2}$

$s = \sqrt{3.460\ cm^2}$

$s = 58{,}82\ cm$

Berechnung der Mantelfläche des Kegels:

$M = r \cdot s \cdot \pi$

$M = 18\ cm \cdot 58{,}82\ cm \cdot \pi$

$M = 3.326{,}19\ cm^2$

$\underline{\underline{M = 0{,}33\ m^2}}$

5.4 Für die Berechnung des gesuchten Durchmessers d' wird zunächst der Radius r' des unteren Rosts mithilfe des Strahlensatzes berechnet.

Berechnung des Radius r' mithilfe des Strahlensatzes:

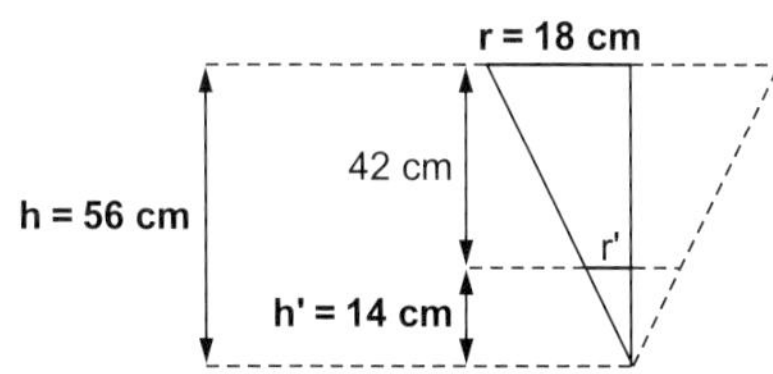

$\frac{r'}{r} = \frac{h'}{h}$

$\frac{r'}{18\ cm} = \frac{14\ cm}{56\ cm} \quad |\cdot 18\ cm$

$r' = \frac{14\ cm \cdot 18\ cm}{56\ cm}$

$r' = 4{,}5\ cm$

Berechnung des Durchmessers d':

$d' = 2 \cdot r' = 2 \cdot 4{,}5\ cm = \underline{\underline{9\ cm}}$

5.5 Das Zeltdach hat die Form einer quadratischen Pyramide. Die Gesamtfläche für den Stoff entspricht der Mantelfläche der Pyramide. Zunächst wird die Höhe h_P der Pyramide berechnet, indem man von der Gesamthöhe (3,5 m) die Länge der Stützen $f = 2{,}5$ m abzieht. Die Mantelfläche der Pyramide besteht aus 4 kongruenten gleichschenkligen Dreiecken. Um den Flächeninhalt eines solchen Dreiecks berechnen zu können, muss zunächst mit dem Satz von Pythagoras die Seitenhöhe h_s berechnet werden. Dann kann der Flächeninhalt eines Dreiecks mit der Formel $A = \frac{\text{Grundlinie} \cdot \text{Höhe}}{2}$ berechnet werden.
Hinweis: Auch wenn es nicht explizit angegeben ist, muss für die Lösung davon ausgegangen werden, dass die Grundfläche der Pyramide ein Quadrat und keine Raute ist.

Berechnung der Höhe h_p der Pyramide:

$h_p = 3{,}5\text{ m} - f$

$h_p = 3{,}5\text{ m} - 2{,}5\text{ m}$

$h_p = 1\text{ m}$

Berechnung der Höhe h_s mit dem Satz von Pythagoras:

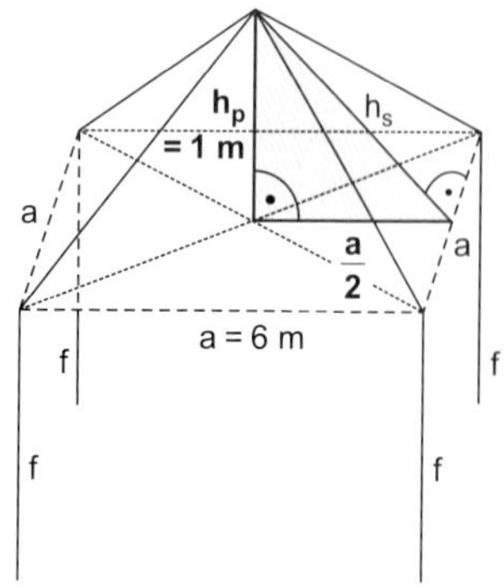

$$h_s{}^2 = h_p{}^2 + \left(\frac{a}{2}\right)^2$$

$$h_s{}^2 = (1\text{ m})^2 + \left(\frac{6\text{ m}}{2}\right)^2 \qquad |\sqrt{}$$

$$h_s = \sqrt{(1\text{ m})^2 + \left(\frac{6\text{ m}}{2}\right)^2}$$

$$h_s = \sqrt{10\text{ m}^2}$$

$$h_s = 3{,}16\text{ m}$$

Berechnung der Mantelfläche:

$$M = 4 \cdot A_\Delta$$

$$M = 4 \cdot \frac{a \cdot h_s}{2}$$

$$M = 4 \cdot \frac{6\text{ m} \cdot 3{,}16\text{ m}}{2}$$

$$\underline{\underline{M = 37{,}92\text{ m}^2}}$$

Abschlussprüfung 2019 an drei- und vierstufigen Wirtschaftsschulen
Mathematik – Aufgabenteil A

Aufgaben ohne Benutzung des Taschenrechners

1. Aus dem abgebildeten Holzwürfel mit der Kantenlänge 3 dm wurden acht Würfel mit der Kantenlänge 1 dm herausgeschnitten. Welches Volumen hat der Restkörper?

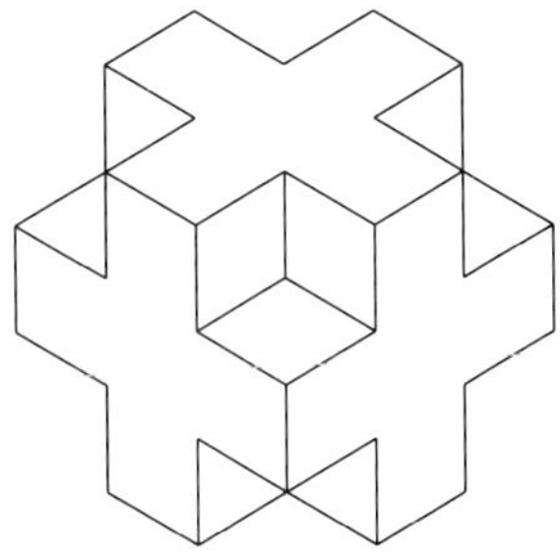

2

2. Gegeben sind die Punkte A(1 | 3) und B (−1 | −1) sowie die Funktionen $y_1 = -2x + 1$ und $y_2 = x^2 - 3x - 5$.
Sind folgende Behauptungen wahr (w) oder falsch (f)?
Ergänzen Sie die Tabelle und begründen Sie rechnerisch Ihre Entscheidung. 2

$A \in y_1$	$B \in y_2$
☐	☐

3. Herr Schneider benötigt täglich eine Stunde mit dem Auto zu seiner Arbeitsstelle. Wegen einer Baustelle verlängert sich seine Fahrzeit um 15 %.
Wie viele Minuten ist Herr Schneider dadurch länger mit dem Auto unterwegs? 1

A	B	C	D	Lösung
0,1 h	9 min	69 min	6 min	

4. Lässt man ein Rechteck um eine Körperachse rotieren, so entsteht ein …

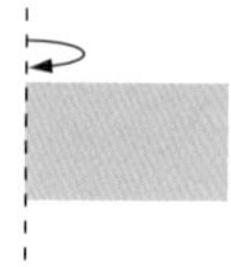

A	B	C	D	Lösung
Quader	Kegel	Würfel	Zylinder	

1

5. Geben Sie an, welche Potenz sich bei folgender Multiplikation ergibt: $5^3 \cdot 5^6$

A	B	C	D	Lösung
5^{18}	5^{-3}	5^9	5^3	

1

6. 

Frank hat von seinem neuen Vermieter einen Schlüsselbund mit drei Schlüsseln erhalten. Nur einer von ihnen sperrt die neue Wohnung auf. Er probiert die Schlüssel in zufälliger Reihenfolge.
Tragen Sie die fehlenden Übergangswahrscheinlichkeiten in das Baumdiagramm ein.
Entscheiden Sie, wie groß die Wahrscheinlichkeit ist, dass erst der letzte Schlüssel passt.

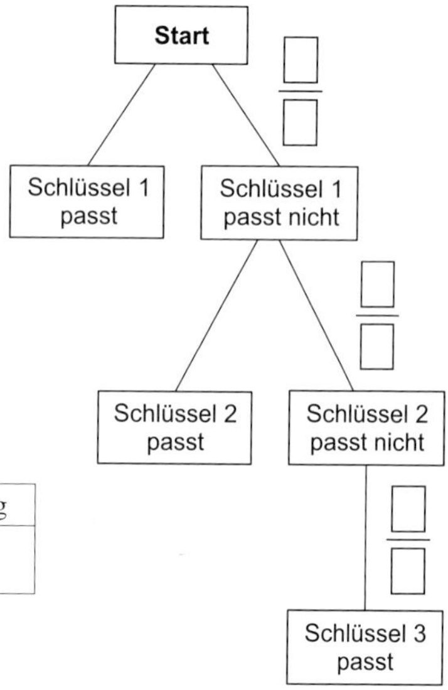

A	B	C	Lösung
$\frac{4}{9}$	$\frac{1}{3}$	$\frac{1}{4}$	

2

7. Petra und Jürgen haben eine Fahrradtour von Passau nach Wien begonnen. Die Längen ihrer fünf Tagestouren sind im nebenstehenden Diagramm dargestellt.
Ermitteln Sie nachvollziehbar, wie viele Kilometer Petra und Jürgen durchschnittlich pro Tag gefahren sind.

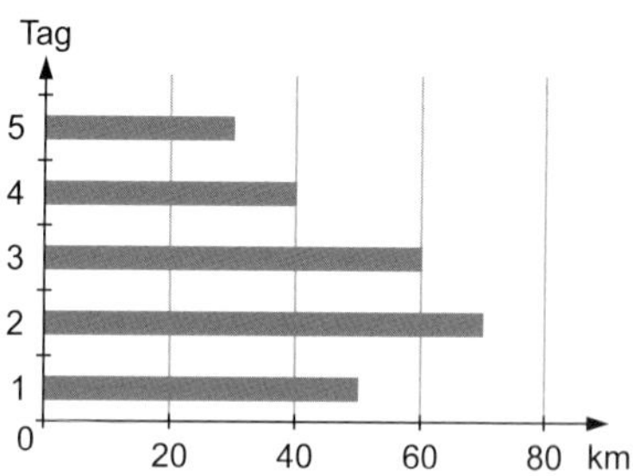

2

8. Am Sporttag der 10. Klassen der Wirtschaftsschule sollten sich die Schüler jeweils für genau eine Sportart entscheiden und diese in die ausgehängte Liste eintragen.
Die Eintragung ergab folgende Verteilung über die Sportarten:
Volleyball (30 %), Badminton (45 %), Yoga (? %)

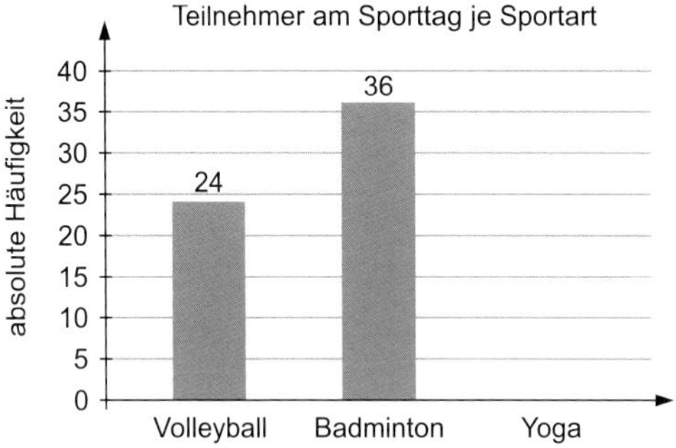

Berechnen Sie die Teilnehmerzahl bei Yoga und ergänzen Sie das oben dargestellte Diagramm um die fehlende Säule „Yoga“. 2

9. Pia hat versucht die folgende Gleichung zu lösen. Leider ist ihr dabei ein Rechenfehler unterlaufen.
Kreisen Sie den Fehler ein und lösen Sie die Gleichung rechts daneben richtig. 2

$x \cdot (x-8) = (3-x)^2$

$x^2 - 8x = 9 - 9x + x^2$

$-8x = 9 - 9x$

$x = 9$

$x \cdot (x-8) = (3-x)^2$

15

Abschlussprüfung 2019 an drei- und vierstufigen Wirtschaftsschulen
Mathematik – Aufgabenteil B

Aufgabe 1 – Finanzmathematik

Zur Geburt seines Sohnes Luca am 01.01.2001 hat Herr Abel 3.000,00 € auf ein Konto seiner Hausbank angelegt. Des Weiteren überweist er zukünftig jeweils am Jahresende eine bestimmte Summe auf dieses Konto. Am Ende des Jahres 2001 erhielt Herr Abel einen Kontoauszug (siehe Anlage Seite 2019-5) von seiner Hausbank.

1.1 Berechnen Sie, über wie viel Geld Luca zu seinem 18. Geburtstag verfügen kann. 2

Luca möchte das angesparte Kapital in Höhe von 33.331,84 € zunächst auf dem Konto belassen. Damit er in drei Jahren ohne weitere Einzahlungen über die Summe von 35.000,00 € verfügen kann, verhandelt er mit der Bank einen höheren Zinssatz.

1.2 Berechnen Sie, welchen gleichbleibenden Zinssatz die Bank Luca anbieten müsste. 3

Nachdem Luca für Auto und Urlaub einiges von dem Geld benötigt hat, befinden sich noch 20.000,00 € auf dem Konto. Davon möchte er sich zukünftig jeweils am Jahresanfang 4.500,00 € für die Finanzierung seines Studiums auszahlen lassen.

1.3 Berechnen Sie, wie viele Jahre sich Luca den vollen Betrag bei einem Zinssatz von 1,64 % ausbezahlen lassen kann. 4

Herr Abel benötigt für die Modernisierung seines Hauses einen Kredit. Von seiner Hausbank erhält er einen Darlehensvertrag (siehe Anlage Seite 2019-5).

1.4 Erstellen Sie einen Tilgungsplan für die ersten zwei Jahre. 3
(Zwischenergebnis: A = 4.314,42 €)

Herr Abel möchte mithilfe eines fälligen Sparbriefes in Höhe von 21.000,00 € das Darlehen zum erstmöglichen Zeitpunkt vollständig zurückzahlen. Darum plant er von seinem vereinbarten Sondertilgungsrecht Gebrauch zu machen.

1.5 Überprüfen Sie rechnerisch, ob dieses Vorhaben gelingt. 3

15

Anlage zu 1. Finanzmathematik

Zu Teilaufgabe 1.1:

```
GESCHÄFTSGIRO     S-ONLINE 10103554    BLZ 742 500 000  Kontoauszug 2
Moneybank Niederbayern-Mitte UST-ID DE132462045                Blatt 1
Datum         Erläuterungen                                     Betrag

Kontostand in EUR am 01.01.2001                             3.000,00+  H
                                                     ------------------------
31.12.2001    Überweisung Einzel                            1.500,00+  H
              10103554
              Martin Abel
              Zinssatz p = 1,1 %
31.12.2001    Zinsen                                           33,00+  H
                                                     ------------------------
Kontostand in EUR am 31.12.2001   15:00 Uhr                 4.533,00+  H

Luca Abel
Hans Carossa Str. 5
94447 Plattling
```

Zu Teilaufgabe 1.4:

Darlehensvertrag

MONEY
Bank

zwischen
Martin Abel
Hans Carossa Str. 5
94447 Plattling – **im Folgenden „Darlehensnehmer"**

und
Moneybank Niederbayern-Mitte
Frühlingsstraße 12
94469 Deggendorf – **im Folgenden „Darlehensgeber"**

wird folgender Vertrag geschlossen

---

§ 1 Darlehensgewährung

Der Darlehensgeber stellt dem Darlehensnehmer einen Betrag von **40.000,00 €** als Darlehen zur Verfügung.

§ 2 Verzinsung

Das Darlehen ist über den gesamten Zeitraum mit 1,40 % p. a. zu verzinsen.

§ 3 Laufzeit

(1) Der Darlehensgeber gewährt dem Darlehensnehmer den in § 1 vereinbarten Kreditbetrag für die Dauer von 10 Jahren nach Laufzeitbeginn.
(2) Das Darlehen ist mit jährlich gleichen Raten (Tilgung + Zinsen) jeweils zum 31.12. eines jeden Jahres zu tilgen.
(3) Die Laufzeit beginnt mit dem 01.01.2020.

§ 4 Sondertilgung

Der Darlehensnehmer kann erstmalig nach fünf Jahren das Darlehen zum 01.01.2025 durch eine Sondertilgung zurückzahlen.

Deggendorf, 27.06.2019 — i. V. Klaus Progel (Darlehensgeber) — Martin Abel (Darlehensnehmer)

Aufgabe 2 – Funktionaler Zusammenhang

Die Konstruktion einer Brücke besteht aus zwei festen Auflagern in den Punkten A und B, zwei Stützen E und F sowie drei Parabelstücken, an denen die Fahrbahn mit Seilen aufgehängt wird.
Vereinfacht kann die x-Achse als Fahrbahn und die Stütze E als y-Achse angenommen werden.

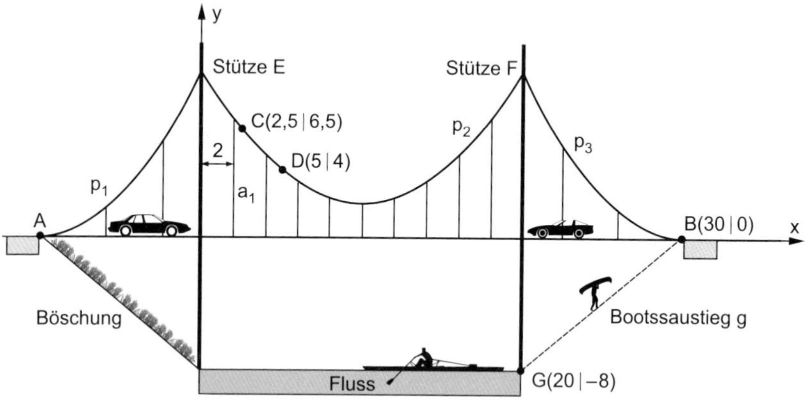

Alle Angaben in Meter. Die Skizze ist nicht maßstabsgetreu.

2.1 Bestimmen Sie die Funktionsgleichung des mittigen Parabelstücks p_2, wenn dieses durch die Punkte C(2,5 | 6,5) und D(5 | 4) verläuft und der Formfaktor $a = 0{,}08$ beträgt. 4
(Ergebnis: p_2: $y = 0{,}08x^2 - 1{,}6x + 10$)

Bei Wartungsarbeiten wurden Mängel an der Brücke festgestellt.

2.2 Berechnen Sie die Koordinaten des tiefsten Punktes im mittleren Parabelstück p_2, da dort die Aufhängung ausgetauscht werden muss. 3

2.3 Berechnen Sie die Seillänge a_1, die im Abstand von 2,00 m parallel zur Stütze E verläuft. 2

Das linke Parabelstück kann durch die Funktionsgleichung p_1: $y = 0{,}1x^2 + 2x + 10$ beschrieben werden.

2.4 Berechnen Sie den Abstand des Auflagepunktes A von der Stütze E. 3

Vom Punkt G(20 | −8) zum Auflager B(30 | 0) verläuft ein geradliniger Weg für die Kajakfahrer, um ihr Boot nach oben zu bringen.

2.5 Bestimmen Sie die Funktionsgleichung des Bootsaustiegs g durch die Punkte G und B. 3

15

Aufgabe 3 – Trigonometrie

Die MODERN-ART GmbH baut für die Familie Kröger ein modernes Fachwerkhaus. Einige Sichtbalken sollen in der Hausfassade mit Farbe gestrichen werden. Die seitliche Erhöhung $\overline{EF}$ beträgt 1,01 m und der Winkel $\beta = 26{,}4°$.

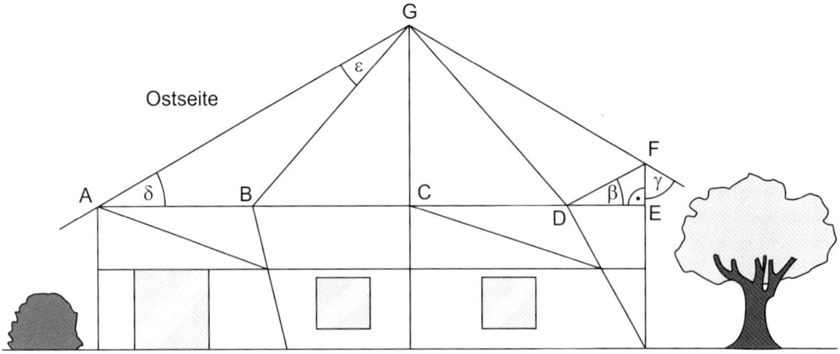

Die Breite der Balken soll bei den Berechnungen vernachlässigt werden. Die Skizze ist nicht maßstabsgetreu.

Der Balken $\overline{DF}$ dient als Stütze zum Abtragen der Dachlast.

3.1 Berechnen Sie die Balkenlänge $|\overline{DF}|$. 2
(Ergebnis: $|\overline{DF}| = 2,27$ m)

Im Dreieck DEF soll nachträglich ein Glasfenster eingesetzt werden.

3.2 Berechnen Sie diese Glasfläche. 3

Der Teil $\overline{GF}$ des rechten Dachbalkens beträgt 6,90 m. Des Weiteren gilt $\gamma = 60{,}2°$.

3.3 Berechnen Sie die zu streichende Länge des Balkens $\overline{GD}$. 4
(Ergebnis: $|\overline{GD}| = 5,94$ m)

Der Balken $\overline{AD}$ muss ein weiteres Mal gestrichen werden. Die Holzbalken $\overline{GD}$ und $\overline{GB}$ sind gleich lang. Es gilt: $\delta = 29{,}1°$, $\varepsilon = 18{,}8°$.

3.4 Berechnen Sie die zu streichende Balkenlänge $\overline{AD}$, wenn die Strecken $\overline{AB}$, $\overline{BC}$ und $\overline{CD}$ ebenfalls gleich lang sind. 4

Die moderne Architektur des Hauses wird von der Nachbarschaft kritisch gesehen. Ein Nachbar legt bei der Gemeinde Einspruch ein, um den Weiterbau zu stoppen. Der Bebauungsplan sieht eine Dachneigung des Balkens $\overline{AG}$ von mindestens 55 % vor. Er behauptet, dass diese Vorgabe nicht eingehalten wurde.

3.5 Berechnen Sie die tatsächliche Dachneigung auf der Ostseite. Hat der Einspruch Erfolg? 2

15

Aufgabe 4 – Daten und Zufall

Immer mehr Menschen nutzen „Fitness-Tracker" zur Aufzeichnung ihrer Fitnesswerte. Die Ergebnisse einer Umfrage unter 1.236 Personen zur Nutzung solcher Geräte sind in folgender Tabelle abzulesen.

Art	Fitness-Armband	Smartphone mit Fitness-App	Smartwatch	Keine Nutzung
Anzahl	220	160	75	?

4.1 Bestimmen Sie die absolute und relative Häufigkeit derjenigen Personen, die „Keine Nutzung" angegeben haben. 2

Karin und Emma nehmen an einem Programm ihrer Krankenkasse teil. Versicherte erhalten für ihre Aktivität je einen Bonuspunkt, wenn ihr Fitness-Tracker …

- … mindestens 10.000 Schritte pro Tag gemessen hat oder
- … einen Puls von mindestens 120 Schlägen pro Minute über die Dauer von täglich 30 Minuten gespeichert hat.

Die nachstehende Tabelle zeigt die Anzahl der Schritte in den ersten fünf Tagen. Emma hat am fünften Tag wegen einer Fehlbedienung des Gerätes keine Daten.

	1. Tag	2. Tag	3. Tag	4. Tag	5. Tag
Anzahl Schritte Karin	9.755	11.379	9.349	9.256	12.458
Anzahl Schritte Emma	11.378	10.687	3.464	10.247	--------

Karin behauptet: „Du bekommst zwar mehr Bonuspunkte, aber im Durchschnitt habe ich eine größere Anzahl von Schritten pro Tag erreicht."

4.2 Überprüfen Sie die Aussagen von Karin. 3

4.3 Berechnen Sie jeweils die Spannweite der Schrittzahl und beurteilen Sie anhand der Ergebnisse, wer von beiden gleichmäßiger trainiert. 2

Das Diagramm zeigt einen Ausschnitt der Pulsfrequenz von Karin.

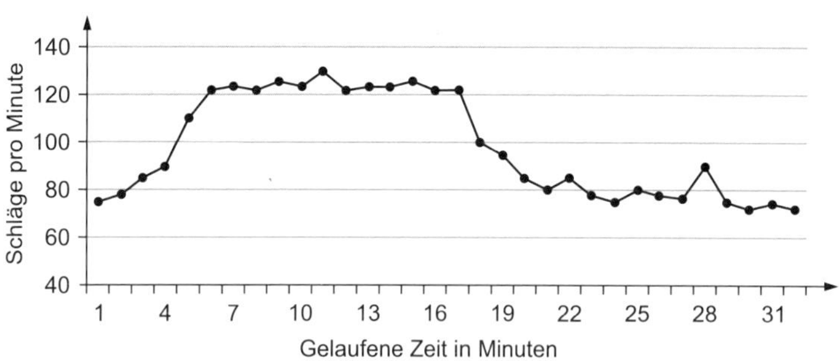

4.4 Beurteilen Sie, ob Karin im dargestellten Zeitraum Anspruch auf einen Bonuspunkt hat. 2

Die Befragung eines Herstellers von Fitness-Armbändern ergab, wie viel Prozent der Nutzer die jeweilige Fitness-Armband-Funktion als Lieblingsfunktion angegeben haben.

	Lieblingsfunktion		
	GPS-Tracker	Herzfrequenzmessung	Schrittzähler
Frauen	5 %	65 %	?
Männer	45 %	30 %	25 %

Die Auswertung hat außerdem ergeben, dass 60 % der befragten Nutzer Männer waren. Als kleines Dankeschön wird unter allen Teilnehmern der Befragung am Ende eine neue Smartwatch verlost.

4.5 Ergänzen Sie das folgende Baumdiagramm für das Zufallsexperiment „Gewinner der Smartwatch" und tragen Sie alle fehlenden Übergangswahrscheinlichkeiten in die leeren Quadrate ein. 3

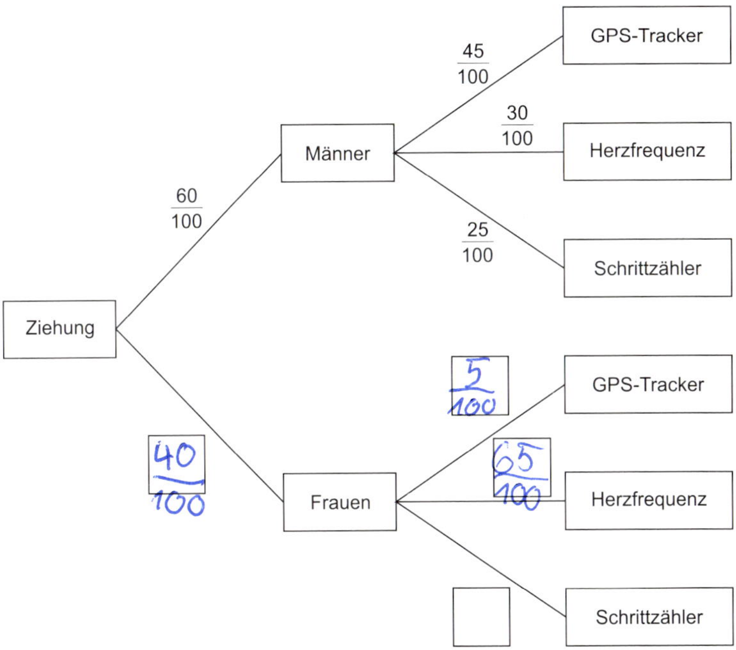

4.6 Bestimmen Sie die Wahrscheinlichkeit des Ereignisses E_1 in Prozent, dass der Gewinner ein Mann ist, der als Lieblingsfunktion GPS-Tracker angibt. 1

4.7 Bestimmen Sie die Wahrscheinlichkeit des Ereignisses E_2, dass der Gewinner ein Mann ist, der entweder den Schrittzähler oder die Herzfrequenzmessung gut findet. 2

15

Aufgabe 5 – Raum und Form

Frau Süß kocht Marmelade ein. Zum Abfüllen stehen ihr zwei Sorten von Gläsern zur Verfügung. Das zylinderförmige Glas ist mit 212 cm^3 gefüllt. In das quaderförmige Gefäß mit quadratischer Grundfläche passen 270 cm^3 Marmelade.

5.1 Berechnen Sie die Füllhöhe des zylinderförmigen Glases in cm, wenn der Innendurchmesser 60 mm beträgt. 2

Frau Süß beklebt das zylinderförmige Gefäß mit einem 5 cm breiten, rechteckigen Streifen zur Beschriftung, welcher das ganze Glas umschließen soll.

5.2 Berechnen Sie die Fläche eines Streifens, wenn mit 15 % Überlappung gerechnet werden muss. Die Wandstärke ist zu vernachlässigen. 3

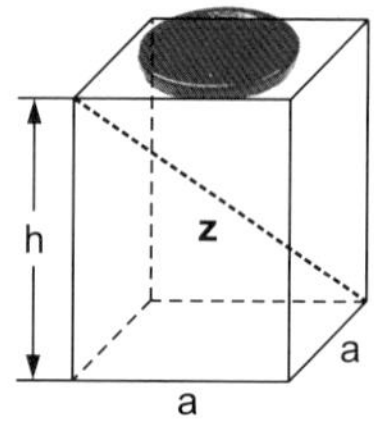

5.3 Überprüfen Sie rechnerisch, ob eine 10 cm lange Zimtstange z theoretisch diagonal in das 7,50 cm hohe, quaderförmige Glas passt. 4

Frau Süß möchte auch ein Pflaumengelee zubereiten. Dazu benötigt sie 250 $m\ell$ Fruchtsaft. Leider ist die 250-$m\ell$-Markierung am Messbecher nicht mehr lesbar. Frau Süß schätzt kurzerhand die 250-$m\ell$-Markierung und misst dabei die Länge $s_2 = 13$ cm.

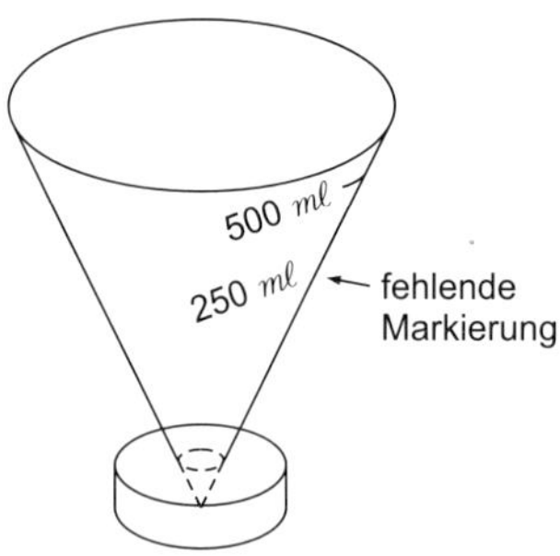

Messbecher

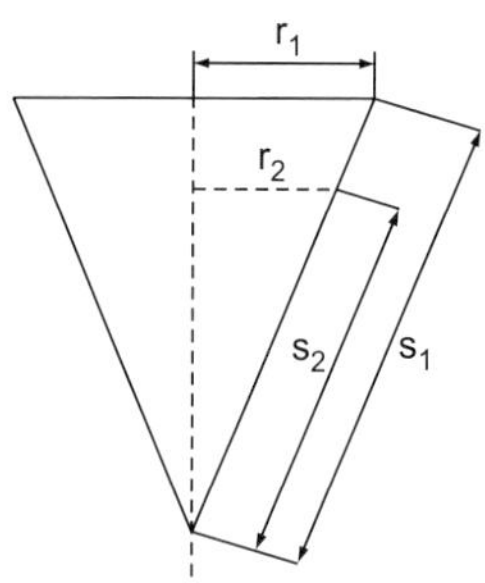

Querschnittsskizze

Sie misst darüber hinaus folgende Längen:
$s_1 = 17$ cm
$r_1 = 5{,}5$ cm

5.4 Berechnen Sie, wie hoch der Fruchtsaft im Messbecher steht, wenn Frau Süß diesen bis zu ihrer neu gesetzten Markierung füllt. 4
(Zwischenergebnis: $r_2 = 4{,}21$ cm)

5.5 Berechnen Sie, wie viel Milliliter ($m\ell$) Fruchtsaft Frau Süß tatsächlich abgemessen hat, wenn der Messbecher bis zu einer Höhe von 12,30 cm gefüllt ist. 2

15

Lösung – Aufgabenteil A

Aufgaben ohne Benutzung des Taschenrechners

1. Zunächst ist das Volumen des ursprünglichen Holzwürfels zu berechnen sowie das Volumen der 8 herausgeschnittenen Würfel der Kantenlänge 1 dm. Das gesuchte Volumen ergibt sich dann als Differenz.

   $V_{\text{ursprünglich}} = a^3 = (3\text{ dm})^3 = 27\text{ dm}^3$

   $V_{\text{herausgeschnitten}} = 8 \cdot (1\text{ dm})^3 = 8\text{ dm}^3$

   $V_{\text{abgebildeter Holzwürfel}} = 27\text{ dm}^3 - 8\text{ dm}^3 = 19\text{ dm}^3$

2. $A \in y_1$ bedeutet, dass der Punkt A auf dem Graphen der Funktion y_1 liegt. Um dies zu prüfen, müssen wir den Punkt A mit der x-Koordinate 1 und der y-Koordinate 3 in die Funktion y_1 einsetzen.

   $3 = -2 \cdot 1 + 1$ | rechte Seite zusammenfassen
   $3 = -1$ falsche Aussage, da $3 \neq -1$

   A liegt nicht auf y_1; die Behauptung ist falsch.

   $B \in y_2$ bedeutet, dass der Punkt B auf dem Graphen der Funktion y_2 liegt. Um dies zu prüfen, müssen wir den Punkt B mit der x-Koordinate –1 und der y-Koordinate –1 in die Funktion y_2 einsetzen.

   $-1 = (-1)^2 - 3 \cdot (-1) - 5$ | rechte Seite zusammenfassen
   $-1 = 1 + 3 - 5$
   $-1 = -1$ wahre Aussage, da $-1 = -1$

   B liegt auf y_2; die Behauptung ist wahr.

$A \in y_1$	$B \in y_2$
f	w

3. Herr Schneider fährt normalerweise eine Stunde, also 60 Minuten.

   : 100 (100 % ≙ 60 Minuten): 100
   · 15 (1 % ≙ 0,6 Minuten) · 15
   15 % ≙ 9 Minuten

   NR: $0{,}6 \cdot 15 = 9$
   6
   +3
   9

   Lösung **B**

Man kann hier auch mit dem Ausschlussverfahren arbeiten.

Lösung A:
0,1 Stunden entsprechen 6 Minuten. Dies wären allerdings nur 10 % von 60 Minuten. Daher kann es diese Lösung nicht sein.

Lösung C:
69 Minuten: Hier würde sich die Fahrzeit um mehr als das Doppelte der ursprünglichen Fahrzeit verlängern. Der Prozentsatz müsste also über 100 % liegen.

Lösung D:
Siehe Lösung A: 6 Minuten sind nur 10 % von 60 Minuten.

Lösung **B**

4. Durch Drehung des Rechtecks entsteht ein Zylinder.

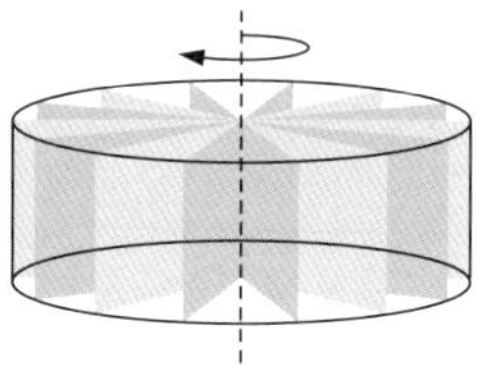

Lösung **D**

5. Bei einer Multiplikation von Potenzen mit gleicher Basis werden die Exponenten addiert.
$5^3 \cdot 5^6 = 5^{3+6} = 5^9$

Lösung **C**

6. Frank hat 3 Schlüssel, von denen nur einer passt. Daher liegt die Wahrscheinlichkeit, dass der 1. Schlüssel passt, bei $\frac{1}{3}$, dass er nicht passt, bei $\frac{2}{3}$.
Passt der erste Schlüssel nicht, kann es nur noch einer der zwei verbleibenden Schlüssel sein, der passt. Die Wahrscheinlichkeit ist also $\frac{1}{2}$.
Wenn auch der zweite Schlüssel nicht passt, muss es der dritte und letzte Schlüssel mit der Wahrscheinlichkeit $\frac{1}{1}$ (also 1 bzw. 100 %) sein, der passt.

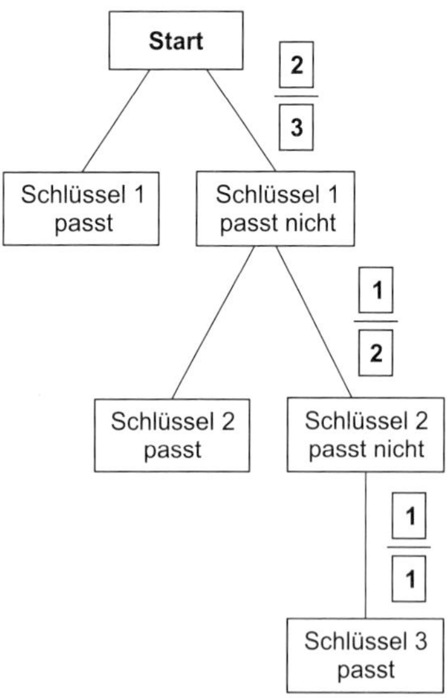

Um die Wahrscheinlichkeit zu berechnen, dass der letzte Schlüssel passt, müssen die Einzelwahrscheinlichkeiten multipliziert werden.

$$P(\text{der letzte Schlüssel passt}) = \frac{2}{3} \cdot \frac{1}{2} \cdot \frac{1}{1} = \frac{2}{6} = \frac{1}{3}$$

Der gekürzte Bruch entspricht der Wahrscheinlichkeit $\frac{1}{3}$.

Lösung **B**

7. Zunächst müssen die einzelnen Längen aus dem Diagramm herausgelesen werden:
Tag 1: 50 km
Tag 2: 70 km
Tag 3: 60 km
Tag 4: 40 km
Tag 5: 30 km

Gesamtstrecke:
50 km + 70 km + 60 km + 40 km + 30 km = 250 km

Um den Durchschnitt zu ermitteln, muss die Gesamtstrecke durch die Anzahl der Tage geteilt werden.

Durchschnittlich zurückgelegte Strecke pro Tag:
250 km : 5 = 50 km

8. Aus den Informationen zu Volleyball (30 % ≙ 24 Teilnehmer) und Badminton (45 % ≙ 36 Teilnehmer) können wir durch Addition Folgendes herleiten:

$$30\,\% + 45\,\% \;\hat{=}\; 24 \text{ Teilnehmer} + 36 \text{ Teilnehmer}$$
$$75\,\% \;\hat{=}\; 60 \text{ Teilnehmer}$$

Da 75 % aller Teilnehmer nicht beim Yoga waren, waren 100 % – 75 % = 25 % aller Teilnehmer beim Yoga:

$$:3 \left(\begin{array}{l} 75\,\% \;\hat{=}\; 60 \text{ Teilnehmer} \\ 25\,\% \;\hat{=}\; 20 \text{ Teilnehmer} \end{array} \right) :3$$

Es waren 20 Teilnehmer beim Yoga.

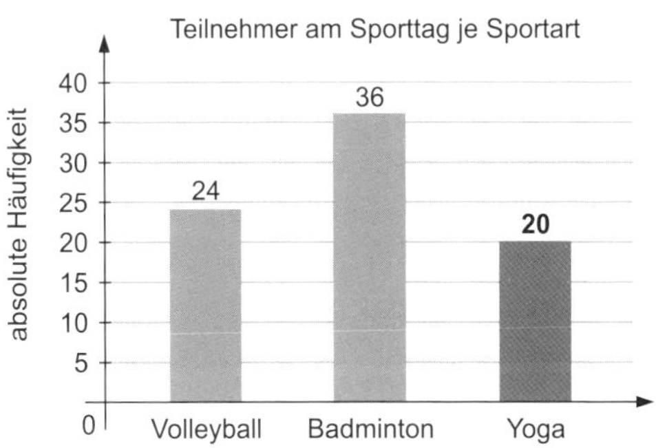

9. Der Fehler in der Gleichung passiert beim Auflösen der rechten Klammer: Man kann die Klammer mithilfe der 2. binomischen Formel auflösen:

$$\begin{aligned}(3-x)^2 &= 3^2 - 2\cdot 3\cdot x + x^2\\ &= 9 - 6x + x^2\end{aligned}$$

Oder man multipliziert die beiden Klammern aus:

$$\begin{aligned}(3-x)\cdot(3-x) &= \underbrace{3\cdot 3}_{9} + \underbrace{3\cdot(-x)}_{-3x} + \underbrace{(-x)\cdot 3}_{-3x} + \underbrace{(-x)\cdot(-x)}_{+x^2}\\ &= 9 - 6x + x^2\end{aligned}$$

Der Fehler in der zweiten Zeile ist also einzukreisen.

$$\begin{aligned}x\cdot(x-8) &= (3-x)^2\\ x^2 - 8x &= 9 - \boxed{9x} + x^2\\ -8x &= 9 - 9x\\ x &= 9\end{aligned}$$

Die vollständig (richtig) gelöste Gleichung lautet:

$$\begin{aligned}x\cdot(x-8) &= (3-x)^2 && \mid \text{beide Klammern auflösen}\\ x^2 - 8x &= 9 - 6x + x^2 && \mid -x^2;\ x^2 \text{ fällt auf beiden Seiten weg}\\ -8x &= 9 - 6x && \mid +6x\\ -2x &= 9 && \mid :(-2)\\ x &= -4{,}5\end{aligned}$$

Lösung – Aufgabenteil B

Aufgabe 1 – Finanzmathematik

1.1 Herr Abel hat 3.000 € angelegt und zahlt jeweils am 31.12. (nachschüssig) 1.500 € zusätzliches Kapital (Kapitalmehrung) ein (siehe Kontoauszug). Es ist gefragt, über welche Summe (K_n) sein Sohn Luca an seinem 18. Geburtstag ($n = 18$) verfügen kann, wenn der Zinssatz $p = 1{,}1\ \%$ (siehe Kontoauszug) beträgt.

Gegeben: $K_0 = 3.000\ €$; $n = 18$; $p\ \% = 1{,}1\ \%\ \Rightarrow\ q = 1{,}011$; $r = 1.500\ €$ (nachschüssig)

Gesucht: K_n

Berechnung der Kapitalsumme nach 18 Jahren:

$$K_n = K_0 \cdot q^n + r \cdot \frac{q^n - 1}{q - 1}$$

$$K_{18} = 3.000\ € \cdot 1{,}011^{18} + 1.500\ € \cdot \frac{1{,}011^{18} - 1}{0{,}011}$$

$$K_{18} = 3.652{,}94\ € + 29.678{,}91\ €$$

$$\underline{\underline{K_{18} = 33.331{,}85\ €}}$$

Luca kann zu seinem 18. Geburtstag über 33.331,85 € verfügen.

1.2 Da Luca keine weiteren Einzahlungen (und Abhebungen) tätigen möchte, handelt es sich hier um eine Zinseszinsrechnung, bei der der Zinssatz gesucht ist.

Gegeben: $K_0 = 33.331{,}84\ €$; $K_n = 35.000\ €$; $n = 3$ (nachschüssig)

Gesucht: $p\ \%$; q

Berechnung des Zinsfaktors q:

$$K_n = K_0 \cdot q^n$$

$$35.000\ € = 33.331{,}84\ € \cdot q^3 \qquad \big|\, : 33.331{,}84\ €$$

$$1{,}0500\ldots = q^3 \qquad \big|\, \sqrt[3]{\ }$$

$$q = 1{,}0164$$

Berechnung des Zinssatzes p %:

Zur Umrechnung von q nach p verwende die Formel $q = 1 + \frac{p}{100}$.

$$q = 1 + \frac{p}{100}$$

$$1{,}0164 = 1 + \frac{p}{100} \qquad \big|\, -1 \quad \big|\, \cdot 100$$

$$(1{,}0164 - 1) \cdot 100 = p$$

$$\underline{\underline{p\ \% = 1{,}64\ \%}}$$

Die Bank müsste Luca einen Zinssatz von 1,64 % anbieten.

1.3 Luca möchte sich jeweils am Jahresanfang (vorschüssig) einen festen Betrag (Rente r = 4.500 €) auszahlen lassen (Kapitalminderung). Gesucht ist, wie oft (Laufzeit n) er sich den vollen Betrag auszahlen lassen kann.

Gegeben: $K_0 = 20.000$ €; $K'_n = 0$ €; $r = 4.500$ €; vorschüssig
$p\,\% = 1{,}64\,\% \;\Rightarrow\; q = 1{,}0164$

Gesucht: n

Berechnung der Anzahl n der Jahre:

$$K'_n = K_0 \cdot q^n - r \cdot q \cdot \frac{q^n - 1}{q - 1}$$

$$0\,€ = 20.000\,€ \cdot 1{,}0164^n - 4.500\,€ \cdot 1{,}0164 \cdot \frac{1{,}0164^n - 1}{1{,}0164 - 1}$$

Substitution: $x = 1{,}0164^n$

$$0\,€ = 20.000\,€ \cdot x - 4.573{,}80\,€ \cdot \frac{x - 1}{0{,}0164} \qquad |\cdot 0{,}0164$$

$$0\,€ = 328\,€ \cdot x - 4.573{,}80\,€ \cdot (x - 1)$$

$$0\,€ = 328\,€ \cdot x - 4.573{,}80\,€ \cdot x + 4.573{,}80\,€ \qquad |-4.573{,}80\,€$$

$$-4.573{,}80\,€ = -4.245{,}80\,€ \cdot x \qquad |:(-4.245{,}80\,€)$$

$$1{,}07725\ldots = x$$

Rück-Substitution: $x = 1{,}0164^n$

$$1{,}07725\ldots = 1{,}0164^n \qquad |\lg$$

$$\lg 1{,}07725\ldots = n \cdot \lg 1{,}0164 \qquad |:\lg 1{,}0164$$

$$n = \frac{\lg 1{,}07725\ldots}{\lg 1{,}0164}$$

$$n = 4{,}57 \text{ Jahre}$$

Luca kann sich 4 Jahre den vollen Betrag auszahlen lassen.

Obwohl n = 4,57 ist, muss hier abgerundet werden, weil nach den Jahren gefragt ist, in denen er sich den vollen Betrag auszahlen lassen kann. Im 5. Jahr wird die Restauszahlung weniger als 4.500 € betragen.

Alternative Berechnung von n ohne die Substitution:

$$K_n = K_0 \cdot q^n - r \cdot q \cdot \frac{q^n - 1}{q - 1}$$

$$0\,€ = 20.000\,€ \cdot 1{,}0164^n - 4.500\,€ \cdot 1{,}0164 \cdot \frac{1{,}0164^n - 1}{1{,}0164 - 1} \qquad |\cdot 0{,}0164$$

$$0\,€ = 328\,€ \cdot 1{,}0164^n - 4.573{,}80\,€ \cdot 1{,}0164^n + 4.573{,}80\,€ \qquad |-4.573{,}80\,€$$

$$-4.573{,}80\,€ = -4.245{,}80\,€ \cdot 1{,}0164^n \qquad |:(-4.245{,}80\,€)$$

$$\frac{-4.573{,}80\,€}{-4.245{,}80\,€} = 1{,}0164^n \qquad |\lg$$

$$\lg\left(\frac{4.573,80\,€}{4.245,80\,€}\right) = n \cdot \lg 1,0164 \qquad |: \lg 1,0164$$

$$n = \frac{\lg \frac{4.573,80\,€}{4.245,80\,€}}{\lg 1,0164}$$

$$n = 4,57$$

Luca kann sich 4 Jahre den vollen Betrag auszahlen lassen.

1.4 Herr Abel braucht einen Kredit in Höhe von $K_0 = 40.000\,€$. Aus dem beigefügten Kreditvertrag lässt sich herauslesen, dass es sich um ein Annuitätendarlehen (siehe Vertrag, §3 (2)) handelt, der Zinssatz 1,4 % beträgt und der Kredit $n = 10$ Jahre laufen soll.

Gegeben: $K_0 = 40.000\,€$; $p\,\% = 1,4\,\% \Rightarrow q = 1,014$; $n = 10$

Gesucht: Z_1; A; T_1; S_1; Z_2; T_2; S_2

Berechnung der Zinsen Z_1 im 1. Jahr:

$$Z_1 = K_0 \cdot \frac{p}{100} = 40.000\,€ \cdot \frac{1,4}{100} = 560\,€$$

Berechnung der Annuität A:

$$A = \frac{K_0 \cdot q^n \cdot (q-1)}{q^n - 1} = \frac{40.000\,€ \cdot 1,014^{10} \cdot 0,014}{1,014^{10} - 1}$$

$$A = 4.314,42\,€$$

Berechnung der Tilgung T_1 im 1. Jahr:

$$T_1 = A - Z_1 = 4.314,42\,€ - 560,00\,€ = 3.754,42\,€$$

Berechnung der Restschuld S_1 am Ende des 1. Jahres:

$$S_1 = K_0 - T_1 = 40.000,00\,€ - 3.754,42\,€ = 36.245,58\,€$$

Berechnung der Zinsen Z_2 im 2. Jahr:

$$Z_2 = S_1 \cdot \frac{p}{100} = 36.245,58\,€ \cdot \frac{1,4}{100} = 507,44\,€$$

Berechnung der Tilgung T_2 im 2. Jahr:

$$T_2 = A - Z_2 = 4.314,42\,€ - 507,44\,€ = 3.806,98\,€$$

Berechnung der Restschuld S_2 am Ende des 2. Jahres:

$$S_2 = S_1 - T_2 = 36.245,58\,€ - 3.806,98\,€ = 32.438,60\,€$$

Erstellung des Tilgungsplans:

Jahr	Schuld am Jahresanfang	Zinsen	Tilgung	Annuität	Schuld am Jahresende
1	40.000,00 €	560,00 €	3.754,42 €	4.314,42 €	36.245,58 €
2	36.245,58 €	507,44 €	3.806,98 €	4.314,42 €	32.438,60 €

1.5 Um zu überprüfen, ob der Sparbrief in Höhe von 21.000 € ausreicht, muss die Restschuld des Kredits nach v = 5 Jahren (erstmöglicher Zeitpunkt zur vollständigen Rückzahlung – siehe Kreditvertrag §4) berechnet werden.

Gegeben: $v = 5$; $K_0 = 40.000$ €; $A = 4.314{,}42$ €; $q = 1{,}014$

Gesucht: K_v

Berechnung der Höhe der Restschuld nach 5 Jahren:

$$K_v = K_0 \cdot q^v - \frac{A \cdot (q^v - 1)}{q - 1}$$

$$K_5 = 40.000{,}00\,€ \cdot 1{,}014^5 - \frac{4.314{,}42\,€ \cdot (1{,}014^5 - 1)}{1{,}014 - 1}$$

$$K_5 = 42.879{,}51\,€ - 22.184{,}63\,€$$

$$\underline{\underline{K_5 = 20.694{,}88\,€}} \quad \text{Restschuld}$$

Ja, er kann das Darlehen mithilfe des fälligen Sparbriefs i. H. v. 21.000 € vollständig zurückzahlen.

Aufgabe 2 – Funktionaler Zusammenhang

2.1 Die Parabel verläuft durch die Punkte C(2,5 | 6,5) und D(5 | 4). Darüber hinaus ist der Formfaktor a = 0,08 bekannt. Man setzt a sowie die beiden Punkte C und D in die Normalform $y = ax^2 + bx + c$ ein. Es entsteht ein lineares Gleichungssystem.

Gegeben: C(2,5 | 6,5); D(5 | 4); a = 0,08; $y = ax^2 + bx + c$

Rechenschritte	**Erläuterungen**
$y = ax^2 + bx + c$	Einsetzen von C(2,5 | 6,5), D(5 | 4) und a = 0,08 liefert zwei Gleichungen mit zwei Unbekannten.
I $\quad 6{,}5 = 0{,}08 \cdot 2{,}5^2 + b \cdot 2{,}5 + c$	C(2,5 | 6,5) und a = 0,08 eingesetzt
II $\quad 4 = 0{,}08 \cdot 5^2 + b \cdot 5 + c$	D(5 | 4) und a = 0,08 eingesetzt
I $\quad 6{,}5 = 0{,}5 + 2{,}5b + c$	Gleichungen vereinfacht
II $\quad 4 = 2 + 5b + c$	
Berechnung von b:	
I – II $\quad 2{,}5 = -1{,}5 - 2{,}5b \quad \vert +1{,}5$	Additionsverfahren: Gleichung I – Gleichung II
$4 = -2{,}5b \quad \vert : (-2{,}5)$	Auflösen nach b
$\underline{-1{,}6 = b}$	
Berechnung von c:	
b in I $\quad 6{,}5 = 0{,}5 + 2{,}5 \cdot (-1{,}6) + c \quad \vert -0{,}5$	Einsetzen von b in Gleichung I (oder II)
$6 = -4 + c \quad \vert +4$	Auflösen nach c
$\underline{10 = c}$	
Funktionsgleichung von p_2:	
p_2: $\underline{\underline{y = 0{,}08x^2 - 1{,}6x + 10}}$	Einsetzen von a, b und c in die Normalform

2.2 Der gesuchte tiefste Punkt des mittleren Parabelstücks p_2 ist der Scheitelpunkt. Dieser kann mit folgenden Formeln berechnet werden:

$$S\left(-\frac{b}{2a} \middle| c-\frac{b^2}{4a}\right) \quad \text{bzw.} \quad x_S = -\frac{b}{2a};\ y_S = c-\frac{b^2}{4a}$$

Es gilt außerdem: $a = 0{,}08;\ b = -1{,}6;\ c = 10$

$$x_S = -\frac{b}{2a} = -\frac{-1{,}6}{2\cdot 0{,}08} = 10$$

$$y_S = c-\frac{b^2}{4a} = 10-\frac{(-1{,}6)^2}{4\cdot 0{,}08} = 10-8 = 2$$

$\underline{\underline{S(10\,|\,2)}}$

2.3 Das erste Seil a_1 ist 2 m von der Stütze E bzw. der y-Achse entfernt. Darum muss $x = 2$ in die Funktionsgleichung von p_2 eingesetzt werden, um die Länge/Höhe y zu berechnen.

$x = 2$ in p_2:

$y = 0{,}08\cdot 2^2 - 1{,}6\cdot 2 + 10 = 7{,}12$

$\Rightarrow \quad a_1 = 7{,}12$ m

Die Seillänge der ersten Aufhängung a_1 beträgt $\underline{\underline{7{,}12\ \text{m}}}$.

2.4 Da es sich bei dem Punkt A um einen Auflagepunkt auf der x-Achse handelt, ist seine x-Koordinate eine Nullstelle der Parabel p_1. Bei der Nullstellenberechnung muss die Bedingung $y = 0$ gelten.
Achtung: Da nicht angegeben ist, dass die Parabelstücke p_1 und p_3 deckungsgleich sind, können die x-Koordinaten der Punkte G und B nicht zur Berechnung des gesuchten Abstands herangezogen werden.

$y = 0 = 0{,}1x^2 + 2x + 10$

$a = 0{,}1;\ b = 2;\ c = 10$

$$x_{1/2} = \frac{-b \pm \sqrt{b^2-4ac}}{2a}$$

$$x_{1/2} = \frac{-2 \pm \sqrt{2^2-4\cdot 0{,}1\cdot 10}}{2\cdot 0{,}1}$$

$$x = \frac{-2 \pm \sqrt{0}}{0{,}2}$$

$$x = \frac{-2 \pm 0}{0{,}2}$$

$x = -10$

$|\overline{AO}| = |-10| \mathrel{\hat{=}} 10$ m

Der Abstand vom Auflagepunkt A zur Stütze E beträgt $\underline{\underline{10\ \text{m}}}$.

2.5 Da der Bootsausstieg g ein geradliniger Weg ist, lässt er sich durch eine lineare Funktion beschreiben, deren Graph (Gerade) durch die Punkte G und B verläuft.
Es gibt mehrere Möglichkeiten, die Funktionsgleichung von g zu finden. Die Steigung m kann über die Formel berechnet werden, der y-Achsenabschnitt t durch Einsetzen von m und B in $y = mx + t$.

$$m = \frac{y_2 - y_1}{x_2 - x_1} = \frac{0-(-8)}{30-20} = \frac{8}{10} = 0{,}8$$

B(30 | 0) einsetzen in $y = m \cdot x + t$:

$0 = 0{,}8 \cdot 30 + t \;\Rightarrow\; t = -24$

$\Rightarrow\; y = 0{,}8x - 24$

Alternative Lösungsmöglichkeit:

Durch Einsetzen der beiden Punkte G und B in $y = m \cdot x + t$ erhält man ein lineares Gleichungssystem, das gelöst werden kann.

Gegeben: G(20 | −8); B(30 | 0); $y = mx + t$

I $\quad -8 = m \cdot 20 + t$

II $\quad 0 = m \cdot 30 + t$

I − II $\quad -8 = -10 \cdot m \qquad |:(-10)$

$\qquad 0{,}8 = m$

m in II: $\quad 0 = 0{,}8 \cdot 30 + t$

$\qquad 0 = 24 + t \qquad |-24$

$\qquad \underline{-24 = t}$

Die Funktionsgleichung g lautet: $\underline{\underline{g:\; y = 0{,}8x - 24}}$

Aufgabe 3 – Trigonometrie

3.1 Um die Balkenlänge $|\overline{DF}|$ zu berechnen, betrachten wir das rechtwinklige Dreieck DEF und berechnen mit dem Sinus die gesuchte Hypotenuse.

Berechnung von $|\overline{DF}|$:

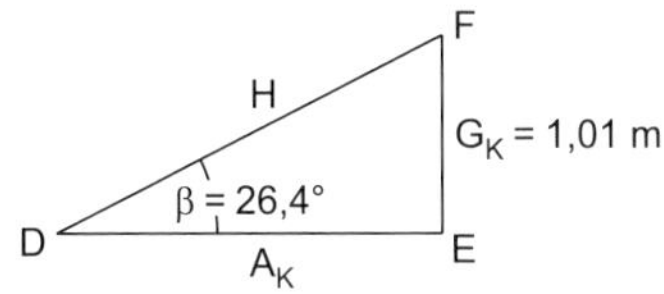

$$\sin\beta = \frac{G_K}{H} = \frac{|\overline{EF}|}{|\overline{DF}|}$$

$$\sin 26,4° = \frac{1,01\text{ m}}{|\overline{DF}|} \qquad |\cdot|\overline{DF}|$$

$$|\overline{DF}|\cdot\sin 26,4° = 1,01\text{ m} \qquad |:\sin 26,4°$$

$$|\overline{DF}| = \frac{1,01\text{ m}}{\sin 26,4°}$$

$$\underline{\underline{|\overline{DF}| = 2,27\text{ m}}}$$

3.2 Wir betrachten weiterhin das Dreieck DEF, dessen Fläche berechnet werden soll. Dafür gibt es zwei Möglichkeiten.

1. Möglichkeit:

Wir berechnen über die Innenwinkelsumme im Dreieck den fehlenden Winkel, um dann mit dem Flächensatz für Dreiecke (Merkhilfe S. 4, Nr. 20) die Fläche zu berechnen. Beim Aufstellen des Ansatzes ist zu beachten, dass der Winkel ∢DFE von den bekannten Seiten ($\overline{DF}$ und $\overline{EF}$) eingeschlossen wird.

Berechnung von ∢DFE:
$∢DFE = 180° - 26,4° - 90° = 63,6°$

Berechnung von A_{DEF}:

$$A_{DEF} = \frac{1}{2}\cdot|\overline{DF}|\cdot|\overline{EF}|\cdot\sin ∢DFE$$

$$A_{DEF} = \frac{1}{2}\cdot 2,27\text{ m}\cdot 1,01\text{ m}\cdot\sin 63,6°$$

$$A_{DEF} = \underline{\underline{1,03\text{ m}^2}}$$

2. Möglichkeit:

Da das Dreieck DEF rechtwinklig ist, kann man die Seite $\overline{DE}$ als Grundlinie und die Seite $\overline{EF}$ als zugehörige Höhe betrachten.
Man muss die fehlende Seitenlänge $|\overline{DE}|$ mit dem Satz des Pythagoras berechnen, um dann mit der bekannten Flächenformel $A_{Dreieck} = \frac{1}{2}\cdot$ Grundlinie $\cdot$ Höhe die gesuchte Glasfläche zu berechnen.

Berechnung von $|\overline{DE}|$:

$$|\overline{DF}|^2 = |\overline{DE}|^2 + |\overline{EF}|^2$$

$$(2,27\text{ m})^2 = |\overline{DE}|^2 + (1,01\text{ m})^2 \qquad |-(1,01\text{ m})^2$$

$4{,}1328\ m^2 = |\overline{DE}|^2 \qquad |\sqrt{\ }$

$|\overline{DE}| = 2{,}03\ m$

Berechnung von A_{DEF}:

$A_{DEF} = \frac{1}{2} \cdot |\overline{DE}| \cdot |\overline{EF}| = \frac{1}{2} \cdot 2{,}03\ m \cdot 1{,}01\ m = \underline{\underline{1{,}03\ m^2}}$

3.3 Die gesuchte Balkenlänge liegt im Dreieck DFG. Von diesem Dreieck sind bisher nur $|\overline{DF}| = 2{,}27\ m$ und $|\overline{GF}| = 6{,}90\ m$ bekannt. Der Winkel $\gamma = 60{,}2°$ liegt außerhalb des Dreiecks. Wenn man den Winkel $\sphericalangle DFE = \alpha = 180° - 26{,}4° - 90° = 63{,}6°$ im Dreieck DEF bereits bei Teilaufgabe 3.2 berechnet hat, braucht man dies hier nicht mehr zu tun.
Da die Dachschräge einen gestreckten Winkel (180°) darstellt, kann der fehlende Winkel $\gamma' = \sphericalangle GFD$ berechnet werden. Anschließend wird mit dem Kosinussatz die gesuchte Balkenlänge $|\overline{GD}|$ berechnet. Wichtig beim Aufstellen des Ansatzes ist, dass der Winkel γ' von den bekannten Seiten $\overline{DF}$ und $\overline{FG}$ eingeschlossen wird.

Berechnung von α:
$\alpha = 180° - 90° - \beta$
$\alpha = 180° - 90° - 26{,}4°$
$\alpha = 63{,}6°$

Berechnung von γ':
$\gamma' = 180° - \gamma - \alpha$
$\gamma' = 180° - 60{,}2° - 63{,}6°$
$\gamma' = 56{,}2°$

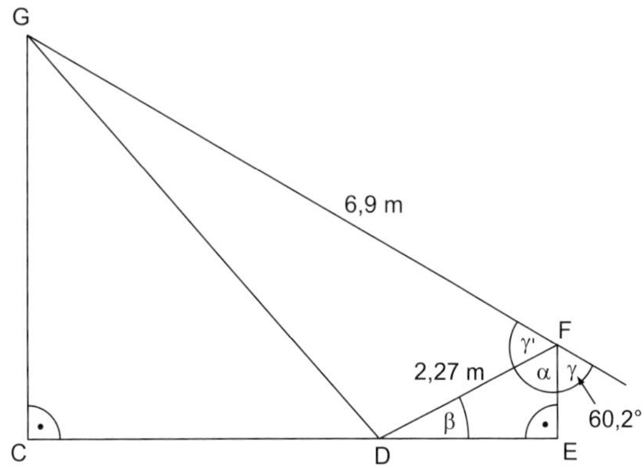

Berechnung von $|\overline{GD}|$:

$|\overline{GD}|^2 = |\overline{DF}|^2 + |\overline{GF}|^2 - 2 \cdot |\overline{DF}| \cdot |\overline{GF}| \cdot \cos\gamma'$

$|\overline{GD}|^2 = (2{,}27\ m)^2 + (6{,}9\ m)^2 - 2 \cdot 2{,}27\ m \cdot 6{,}9\ m \cdot \cos 56{,}2°$

$|\overline{GD}|^2 = 52{,}76\ m^2 - 17{,}43\ m^2$

$|\overline{GD}|^2 = 35{,}33\ m^2 \qquad |\sqrt{\ }$

$\underline{\underline{|\overline{GD}| = 5{,}94\ m}}$

3.4 Es ist wichtig, hier die Informationen aus der Angabe zu verwenden. Es gilt:
$|\overline{BG}| = |\overline{GD}| = 5{,}94\text{ m}$ und $|\overline{AB}| = |\overline{BC}| = |\overline{CD}|$

Wenn wir also $|\overline{AB}|$ berechnen, muss man diese Streckenlänge nur mit 3 multiplizieren, um $|\overline{AD}|$ zu bekommen.
Im Dreieck ABG sind eine Seite und zwei Winkel bekannt. Somit kann mit dem Sinussatz die gesuchte Seitenlänge $|\overline{AB}|$ berechnet werden.

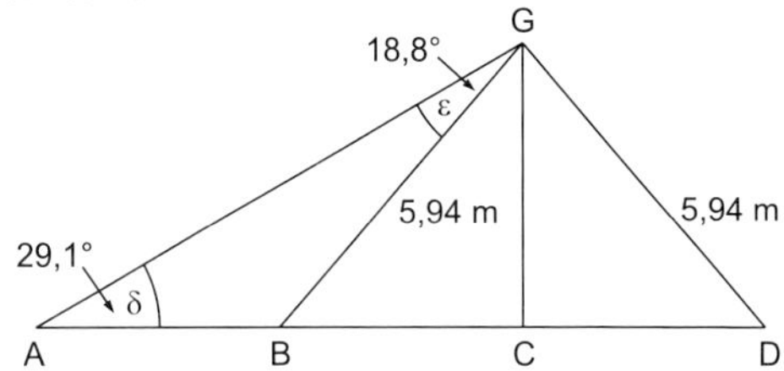

Gegeben: $|\overline{BG}| = |\overline{GD}| = 5{,}94\text{ m}$
$|\overline{AB}| = |\overline{BC}| = |\overline{CD}|$
$\delta = 29{,}1°;\ \varepsilon = 18{,}8°$

Berechnung von $|\overline{AB}|$:

$$\frac{|\overline{AB}|}{\sin\varepsilon} = \frac{|\overline{BG}|}{\sin\delta}$$

$$\frac{|\overline{AB}|}{\sin 18{,}8°} = \frac{5{,}94\text{ m}}{\sin 29{,}1°} \qquad |\cdot \sin 18{,}8°$$

$$|\overline{AB}| = \frac{5{,}94\text{ m}}{\sin 29{,}1°} \cdot \sin 18{,}8°$$

$$|\overline{AB}| = 3{,}94\text{ m}$$

Berechnung von $|\overline{AD}|$:

$$|\overline{AD}| = 3 \cdot |\overline{AB}| = 3 \cdot 3{,}94\text{ m} = \underline{\underline{11{,}82\text{ m}}}$$

3.5 Die Dachneigung beträgt $\delta = 29{,}1°$. Mit der Formel für die „Steigung in Prozent" kann die prozentuale Steigung berechnet und dann mit der Vorgabe des Bebauungsplans verglichen werden.

$$\begin{aligned}\text{Steigung in }\% &= \tan\delta \cdot 100\,\% \\ &= \tan 29{,}1° \cdot 100\,\% \\ &= 55{,}66\,\% \quad > 55\,\%\end{aligned}$$

<u>Der Einspruch wird abgelehnt.</u>

Aufgabe 4 – Daten und Zufall

4.1 Die absolute Häufigkeit H wird berechnet, indem man von der Anzahl aller befragten Personen diejenigen abzieht, die ein Fitness-Armband, Smartphone mit Fitness-App oder eine Smartwatch benutzen. Dabei unterstellen wir, dass die befragten Personen höchstens eines der Geräte nutzen.

$H = 1.236 - 220 - 160 - 75 = \underline{\underline{781 \text{ Personen}}}$

Die relative Häufigkeit ist das Verhältnis der Anzahl der Personen, die keinen Fitness-Tracker nutzen, zur Gesamtzahl der befragten Personen.

$h = \frac{781}{1.236} = \underline{\underline{0,6319}}$ (oder $\underline{\underline{63,19\ \%}}$)

4.2 Karin hat an 2 Tagen (2. und 5. Tag) mehr als 10.000 Schritte gemacht und bekommt daher 2 Bonuspunkte. Emma bekommt 3 Bonuspunkte, weil sie am 1., 2. und 4. Tag mehr als 10.000 Schritte gemacht hat.

Den Durchschnitt der pro Tag gemachten Schritte bekommt man, wenn man für beide jeweils alle Schritte zusammenzählt und durch die Anzahl der Tage teilt.

$$\overline{x}_{Karin} = \frac{9.755 + 11.379 + 9.349 + 9.256 + 12.458}{5} \text{ Schritte} = \frac{52.197}{5} \text{ Schritte}$$
$$= 10.439,4 \text{ Schritte}$$

$$\overline{x}_{Emma} = \frac{11.378 + 10.687 + 3.464 + 10.247}{4} \text{ Schritte} = \frac{35.776}{4} \text{ Schritte} = 8.944 \text{ Schritte}$$

<u>Karin hat recht.</u> Emma bekommt mehr Bonuspunkte (3 Punkte), aber im Durchschnitt hat Karin pro Tag mehr Schritte zurückgelegt (10.439,40 Schritte).

4.3 Die Spannweite wird berechnet, indem man den kleinsten vom größten Wert einer Datenreihe subtrahiert.

$R_{Karin} = (12.458 - 9.256) \text{ Schritte} = 3.202 \text{ Schritte}$

$R_{Emma} = (11.378 - 3.464) \text{ Schritte} = 7.914 \text{ Schritte}$

Die Ergebnisse von Karin liegen weniger weit auseinander als bei Emma. Dies zeigt die kleinere Kennzahl bei der Spannweite. <u>Karin trainiert daher gleichmäßiger.</u>

4.4

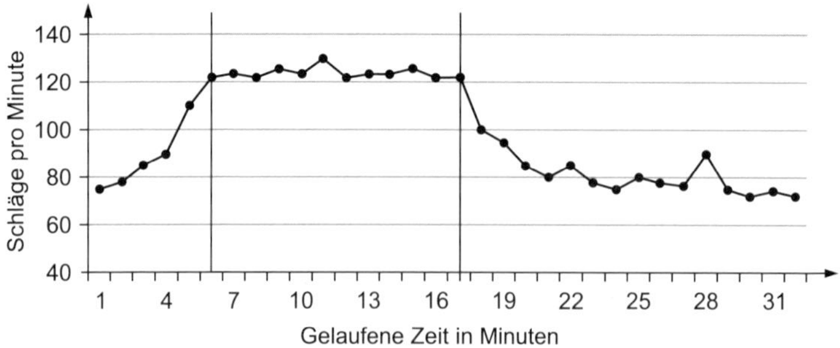

Die Pulsfrequenz von Karin liegt in der 6., der 17. und alle Minuten dazwischen über den geforderten 120 Schlägen pro Minute. Das sind nur 12 Minuten der ca. 30-minütigen Trainingseinheit. Im übrigen Zeitraum liegt sie aber deutlich darunter.

Karin bekommt keine Bonuspunkte.

4.5 Da laut Angabe 60 % der Teilnehmer Männer waren, haben 40 % (oder $\frac{40}{100}$) Frauen teilgenommen. Die gesuchten Wahrscheinlichkeiten für GPS-Tracker bzw. Herzfrequenz ergeben sich aus der Tabelle in der Zeile Frauen.

	Lieblingsfunktion		
	GPS-Tracker	Herzfrequenzmessung	Schrittzähler
Frauen	$5\,\% = \frac{5}{100}$	$65\,\% = \frac{65}{100}$	?

Da sich 5 % der Frauen für den GPS-Tracker und 65 % für die Herzfrequenzmessung als Lieblingsfunktion entschieden haben, bleiben $100\,\% - 5\,\% - 65\,\% = 30\,\%$ (oder $\frac{30}{100}$) für den Schrittzähler. Dabei unterstellen wir, dass es keine Mehrfachnennungen gab.

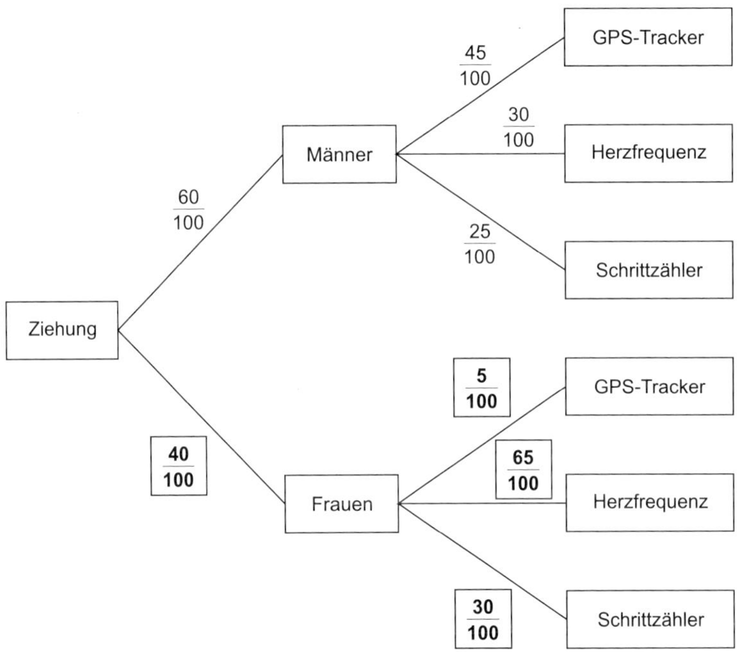

4.6 Das Ereignis E_1 „Der Gewinner ist ein Mann, der als Lieblingsfunktion GPS-Tracker angibt“ wird im Baumdiagramm durch den gekennzeichneten Pfad dargestellt. Die Wahrscheinlichkeiten entlang des Pfades werden multipliziert (1. Pfadregel).

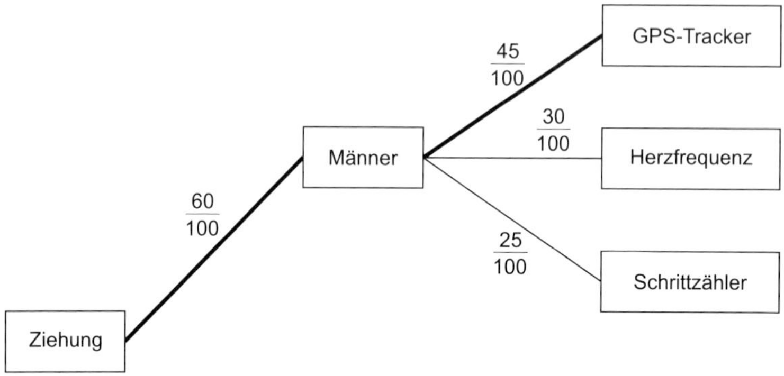

$$P(E_1) = P(\text{Mann; GPS-Tracker}) = \frac{60}{100} \cdot \frac{45}{100} = \frac{2.700}{10.000} = \underline{\underline{\frac{27}{100}}} = \underline{\underline{0,27}} = \underline{\underline{27\ \%}}$$

4.7 Die Wahrscheinlichkeit des Ereignisses E_2 „Der Gewinner ist ein Mann, der entweder Schrittzähler oder Herzfrequenzmessung gut findet“ beinhaltet zwei Pfade (siehe Kennzeichnung in der Skizze).

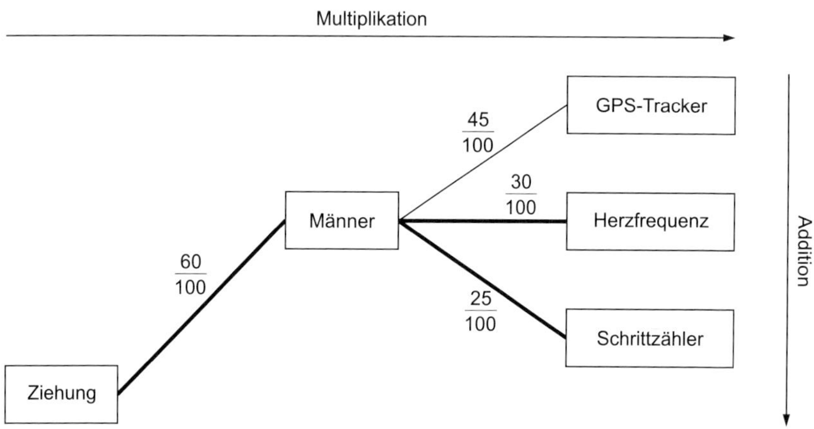

$$P(E_2) = P(\text{Mann; Herzfrequenz}) + P(\text{Mann; Schrittzähler})$$

$$= \frac{60}{100} \cdot \frac{30}{100} + \frac{60}{100} \cdot \frac{25}{100}$$

$$= \frac{1.800}{10.000} + \frac{1.500}{10.000}$$

$$= \frac{3.300}{10.000} = \underline{\underline{\frac{33}{100}}} = \underline{\underline{0,33}} = \underline{\underline{33\%}}$$

Aufgabe 5 – Raum und Form

5.1 Gesucht ist die Höhe h_Z des Zylinders. Da der Innendurchmesser (d = 60 mm) und das Volumen ($V_Z = 212\ cm^3$) gegeben sind, kann mit der Volumenformel die Höhe berechnet werden.

Berechnung des Radius r des Zylinders:

$$d = 60\ mm = 6\ cm \quad \Rightarrow \quad r = \frac{d}{2} = 3\ cm$$

Berechnung der Höhe h des Zylinders:

$$V_{Zyl} = r^2 \cdot \pi \cdot h$$

$$212\ cm^3 = (3\ cm)^2 \cdot \pi \cdot h \quad \Big|:(3\ cm)^2 \quad \Big|:\pi$$

$$\frac{212\ cm^3}{(3\ cm)^2 \cdot \pi} = h$$

$$\underline{\underline{h = 7{,}50\ cm}}$$

5.2 Der Streifen zur Beschriftung ist ein Rechteck. Die Höhe ist gegeben. Seine Breite muss mindestens so breit wie der Umfang u des zylinderförmigen Glases sein. Anschließend rechnen wir 15 % Überlappung dazu.

Berechnung der Fläche des Streifens:

$$A_{Rechteck} = u \cdot h_S$$

$$A_{Rechteck} = 18{,}85 \cdot 5\ cm$$

$$\underline{\underline{A_{Rechteck} = 94{,}25\ cm^2}}$$

NR: $u = 2 \cdot r \cdot \pi$
$u = 2 \cdot 3\ cm \cdot \pi$
$u = 18{,}85\ cm$

Fläche inklusive Überlappung $= 94{,}25\ cm^2 \cdot 1{,}15 = \underline{\underline{108{,}39\ cm^2}}$

5.3 Vom quaderförmigen Glas ist bekannt, dass es 7,5 cm hoch ist, 270 cm^3 fasst und eine quadratische Grundfläche besitzt. Wir müssen zunächst die Länge einer Seite a der Grundfläche berechnen. Dies gelingt mithilfe der Volumenformel des Quaders:

V = Grundfläche · Höhe

Obwohl nicht explizit angegeben, ist auch hier die Wandstärke zu vernachlässigen.

Berechnung der Seitenlänge a der Grundfläche:

$$V_{Quader} = a^2 \cdot h$$

$$270\ cm^3 = a^2 \cdot 7{,}5\ cm \quad \Big|:(7{,}5\ cm)$$

$$36\ cm^2 = a^2 \quad \Big|\sqrt{\ }$$

$$a = 6\ cm$$

Um zu testen, ob die 10 cm lange Zimtstange in das Glas passt, müssen wir die Raumdiagonale des Quaders berechnen. Dies gelingt durch zweimalige Anwendung des Satzes von Pythagoras (zuerst die Flächendiagonale in der Grundfläche, dann die Raumdiagonale) oder mit der vorgegebenen Formel aus der Merkhilfe (S. 3, Nr. 13, Quader):

$d = \sqrt{a^2 + b^2 + h^2}$ (wobei hier b = a)

Berechnung der Raumdiagonale d:

$d = \sqrt{a^2 + a^2 + h^2}$

$d = \sqrt{(6\text{ cm})^2 + (6\text{ cm})^2 + (7{,}5\text{ cm})^2}$

$d = \sqrt{128{,}25}\text{ cm}$

$\underline{\underline{d = 11{,}32\text{ cm}}}$

Die Raumdiagonale d = 11,32 cm ist länger als die Zimtstange (10 cm), also passt die Zimtstange ins Glas.

5.4 Diese Aufgabe unterteilt sich in zwei Problemstellungen.

Zunächst muss man mit dem Strahlensatz den Radius r_2 berechnen.

Anschließend kann mit dem Satz von Pythagoras im rechtwinkligen Dreieck (siehe Kennzeichnung in der Skizze) h_2 berechnet werden.

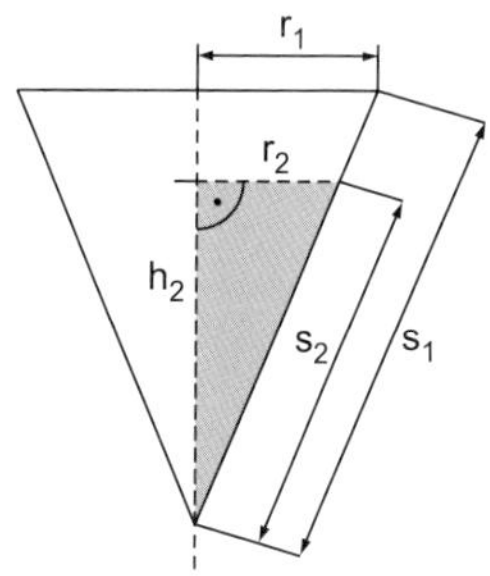

Berechnung des Radius r_2:

$$\frac{r_2}{r_1} = \frac{s_2}{s_1}$$

$$\frac{r_2}{5{,}5\text{ cm}} = \frac{13\text{ cm}}{17\text{ cm}} \qquad \left| \cdot 5{,}5\text{ cm}\right.$$

$$r_2 = \frac{13}{17} \cdot 5{,}5\text{ cm}$$

$$r_2 = 4{,}21\text{ cm}$$

Berechnung der Füllhöhe h_2:

$$s_2{}^2 = r_2{}^2 + h_2{}^2$$

$$(13\text{ cm})^2 = (4{,}21\text{ cm})^2 + h_2{}^2 \qquad \left| -(4{,}21\text{ cm})^2\right.$$

$$h_2{}^2 = 151{,}28\text{ cm}^2 \qquad \left| \sqrt{\ }\right.$$

$$\underline{\underline{h_2 = 12{,}30\text{ cm}}}$$

5.5 Um zu bestimmen, wie viel Fruchtsaft Frau Süß eingefüllt hat, muss das Volumen eines Kegels mit dem Radius r_2 und der Höhe h_2 berechnet werden. Beachte: $1\text{ cm}^3 = 1\ m\ell$

$$V_{Kegel} = \frac{1}{3} \cdot r_2{}^2 \cdot \pi \cdot h_2$$

$$V_{Kegel} = \frac{1}{3} \cdot (4{,}21\text{ cm})^2 \cdot \pi \cdot 12{,}30\text{ cm}$$

$$V_{Kegel} = 228{,}30\text{ cm}^3 = \underline{\underline{228{,}30\ m\ell}}$$

Abschlussprüfung 2020 an drei- und vierstufigen Wirtschaftsschulen
Mathematik – Aufgabenteil A

Aufgaben ohne Benutzung des Taschenrechners

1. Familie Gruber (Vater, Mutter, der 13-jährige Sohn Jonas und die 4-jährige Tochter Lena) besucht zu Beginn der Sommerferien die Stadt München und möchte auf dem Fernsehturm die Aussicht genießen. Aus der Zeitung weiß Herr Gruber, dass es in der ersten Ferienwoche 20 % Rabatt auf den Eintrittspreis gibt.

Eintrittspreise	
Erwachsene:	7,00 €
Kinder und Jugendliche (6–18 Jahre):	5,00 €
Kinder unter 6 Jahren:	frei

Entscheiden Sie, welcher Term zur Berechnung des ermäßigten Eintrittspreises richtig ist. 1

A	B	C	Lösung
$(2 \cdot 7 + 5) \cdot 0{,}2$	$(2 \cdot 7 + 5) \cdot \frac{4}{5}$	$(2 \cdot 7 + 2 \cdot 5) \cdot 1{,}2$	A

2. Beim Oktoberfest-Special der Quizshow „Wer wird Millionär?" wurde folgende 125.000-€-Frage gestellt.

Betragen die Seitenlängen bei einem Dreieck 3 cm, 4 cm und 5 cm, dann handelt es sich definitiv um ein …

A: spitzwinkliges Dreieck	B: rechtwinkliges Dreieck
C: stumpfwinkliges Dreieck	D: gleichseitiges Dreieck

Welche dieser Antworten ist die richtige? Begründen Sie rechnerisch. 2

3. Luca möchte sein Fahrradschloss öffnen. Auf jedem Ring können die Ziffern 0 bis 9 eingestellt werden. Die ersten vier Ziffern der Kombination hat er richtig eingestellt. Leider hat er die letzte Ziffer vergessen. Wie groß ist die Wahrscheinlichkeit, dass Luca bereits beim ersten Versuch sein Fahrradschloss öffnen kann? Geben Sie das Ergebnis als Bruch und in Prozent an. 1

$\frac{1}{9}$

4. Hannes hat zum Geburtstag einen Tandemfallschirmsprung geschenkt bekommen. Er springt mit einem erfahrenen Fallschirmspringer aus dem Flugzeug und befindet sich in den ersten 40 Sekunden im freien Fall. Danach öffnet sich der Fallschirm und der Gleitflug beginnt.
Der Graph stellt Hannes' Flughöhe y in Abhängigkeit von der Zeit x dar.

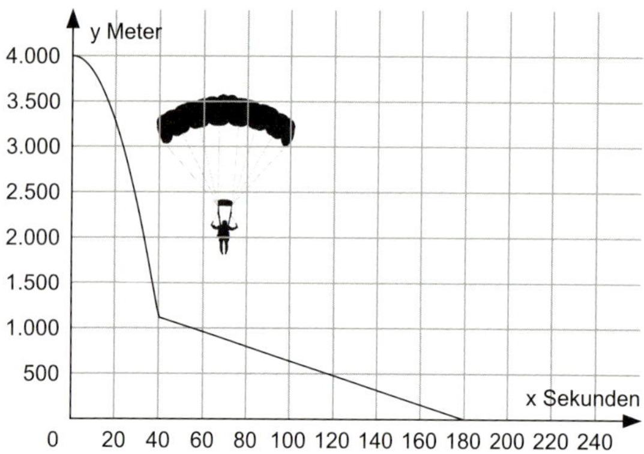

4.1 Setzen Sie aus folgenden Bausteinen die Funktionsgleichung zusammen, welche die Flugphase „Freier Fall" beschreibt. 1

$18x^2$	$1{,}8x^2$	$-1{,}8x^2$	4.000	–4.000

y = $-1{,}8x^2 - 4000$

4.2 Entnehmen Sie der Zeichnung, wie lange nur der Gleitflug dauert. 1

120 Sekunden

5. Das Ehepaar Albrecht möchte sich den Traum eines eigenen Hauses erfüllen und kauft sich deshalb ein Grundstück. Sie müssen beim Kauf 3 % vom Grundstückspreis als Grunderwerbsteuer zahlen. Diese beläuft sich auf 4.503,00 €.

5.1 Berechnen Sie den Kaufpreis des Grundstücks. 2

3 % $\hat{=}$ 4.503,00 €

30 % $\hat{=}$ 45.030,00 €

5.2 Einen Teil des Kaufpreises finanzieren die Eheleute Albrecht über einen Kredit. Von der Bank bekommen sie eine Grafik ausgehändigt, die den Darlehensverlauf darstellt.
Bestimmen Sie, um welche Tilgungsart es sich handelt. 1

Tilgungsart: Annuitätentilgung

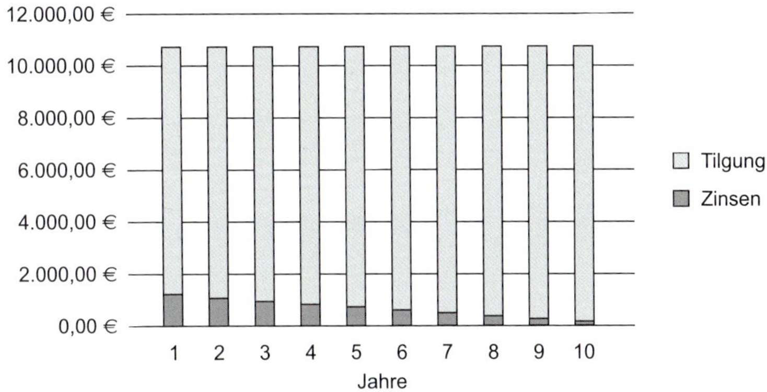

6. Laura behauptet, dass die beiden Funktionsgleichungen p_1: $y = (x + 3)^2 - 2$ und p_2: $y = x^2 + 6x + 7$ die gleiche Parabel beschreiben.
Überprüfen Sie die Behauptung von Laura rechnerisch, indem Sie die Scheitelform in die allgemeine Form umwandeln. 2

7. Von einem 58 m hohen Leuchtturm sieht man ein Schiff unter dem Tiefenwinkel $\alpha = 30°$. Berechnen Sie mithilfe untenstehender Tabelle, wie weit das Schiff vom Leuchtturm entfernt ist. 2

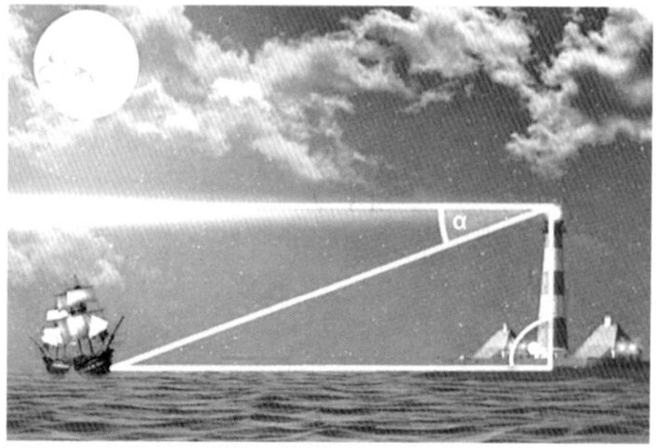

Winkel	5°	10°	15°	20°	25°	30°	35°	40°	45°
sin ≈	0,09	0,17	0,26	0,34	0,42	0,50	0,57	0,64	0,71
cos ≈	1	0,98	0,97	0,94	0,91	0,87	0,82	0,77	0,71
tan ≈	0,09	0,18	0,27	0,36	0,47	0,58	0,70	0,84	1

8. Auf dem Bild ist ein zylinderförmiger Wassertank zu sehen. Schätzen Sie Durchmesser und Höhe des Tanks und berechnen Sie dessen Volumen ($\pi = 3$). 2

15

Aufgabe 1 – Finanzmathematik

© lzf. Shutterstock

Die ehemalige Wirtschaftsschülerin Luisa träumt davon, ihr Hobby zum Beruf zu machen. Sie plant einen kleinen Laden zu eröffnen, in dem sie Longboards, Skateboards und Snowboards anbieten will.
Luisas Opa hat am Anfang des Jahres 2010 einen Sparvertrag für seine Enkelin abgeschlossen, in den er einmalig zu Beginn 7.500,00 € und seither immer zu Jahresbeginn 2.500,00 € einbezahlt hat. Der Vertrag wurde mit 2,10 % verzinst.

1.1 Berechnen Sie, auf welches Kapital Luisa am Ende des Jahres 2019 zurückgreifen kann. 3

Neben dem Sparvertrag von ihrem Opa besitzt Luisa noch ein Sparbuch, auf das sie vor 7 Jahren ihre Geldgeschenke zur Konfirmation in Höhe von 2.490,00 € einbezahlt hat. Aktuell weist das Sparbuch nach Eintragung aller Zinsen und Zinseszinsen einen Kontostand von 2.763,51 € auf.

1.2 Berechnen Sie den Zinssatz, den Luisa auf ihr Sparbuch bekommen hat. 3

Luisa erbt von ihrer Großtante 40.000,00 €. Diesen Betrag legt sie auf einem Sparkonto zu einem Zinssatz von 1,80 % an. Sie möchte davon zukünftig zu Beginn eines jeden Jahres Geld entnehmen, um davon ihre Werbepartner bezahlen zu können.

1.3 Berechnen Sie, wie viele volle Jahre Luisa den Betrag von 5.200,00 € entnehmen kann, bevor das Kapital aufgebraucht ist. 4

Zur Einrichtung ihres Ladens benötigt Luisa einen Bankkredit (siehe Beleg).

Darlehensvertrag

zwischen

Sparbank Unterfranken	und	**Schott, Luisa**
Kreditinstitut		Name, Vorname
Weißenburger Str. 35		**Hörsteiner Str. 4**
Straße		Straße
63739 Aschaffenburg		**63801 Kleinostheim**
PLZ und Wohnort		PLZ und Wohnort
– nachfolgend *„Darlehensgeber"* genannt –		– nachfolgend *„Darlehensnehmer"* genannt –

§1 Darlehensgewährung

Der Darlehensgeber gewährt dem Darlehensnehmer ein verzinsliches Darlehen in Höhe von **57.800,00** EUR.

Das Darlehen hat eine Laufzeit von **17** Jahren ab dem Auszahlungsdatum.

Der Darlehensbetrag wird auf folgende Bankverbindung ausgezahlt:

Luisa Schott	**DE34 7953 5547 0000 0145 88**	**Sparbank Unterfranken**
Kontoinhaber	Kontoverbindung (IBAN)	Geldinstitut

§2 Verzinsung

Das Darlehen ist mit 3,20 % p. a. zu verzinsen. Die Zinsen werden jeweils jährlich berechnet.

§3 Tilgung

Das Darlehen ist in jährlichen, gleichbleibenden Tilgungsraten in Höhe von **3.400,00** EUR zu tilgen. Tilgung und Zinsen werden automatisch am Jahresende von Ihrem Konto eingezogen. Bitte achten Sie auf ausreichende Deckung.

Aschaffenburg, 25. 06. 2020
(Ort) (Datum)

Harald Geißendörfer	Luisa Schott
(Darlehensgeber)	(Darlehensnehmer)

1.4 Erstellen Sie einen Tilgungsplan für die ersten beiden Jahre. 3

1.5 Berechnen Sie, nach wie vielen Jahren Luisa erstmals weniger als 1.000,00 € Zinsen für ihr Darlehen zahlen muss. 2

15

Aufgabe 2 – Funktionaler Zusammenhang

Über eine Autobahn $\overline{GH}$ soll eine Fußgängerbrücke gebaut werden, die von einem parabelförmigen Brückenbogen getragen wird.

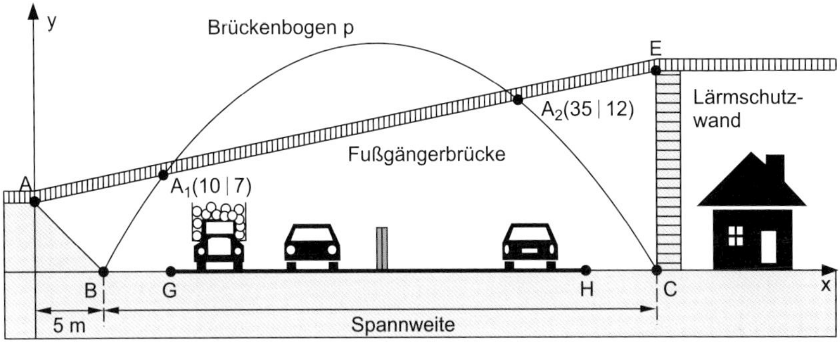

Alle Angaben in Meter. Die Skizze ist nicht maßstabsgetreu.

Der Brückenbogen p soll durch die Punkte $A_1(10\,|\,7)$ und $A_2(35\,|\,12)$ verlaufen.

2.1 Bestimmen Sie die allgemeine Form der Parabel p, wenn $a = -0{,}04$ gilt. (Ergebnis: p: $y = -0{,}04x^2 + 2x - 9$) 4

Für die Einreichung des Bauantrages sind noch einige Größen zu berechnen.

2.2 Berechnen Sie die Spannweite $\overline{BC}$ des Brückenbogens. 4

Aufgrund des naheliegenden Hubschrauberlandeplatzes darf der Brückenbogen nicht höher als 20 Meter sein.

2.3 Überprüfen Sie rechnerisch, ob der Brückenbogen wie geplant gebaut werden darf. 2

Die Fußgängerbrücke kann zwischen den Punkten A und E durch eine Gerade g beschrieben werden. An den Punkten A_1 und A_2 liegt der Gehweg am Brückenbogen auf.

2.4 Bestimmen Sie die Funktionsgleichung von g. (Ergebnis: g: $y = 0{,}2x + 5$) 3

Die Lärmschutzwand soll mit Kletterpflanzen begrünt werden. Die zuständige Autobahnmeisterei soll eine Kletterhilfe für Pflanzen anbringen.

2.5 Berechnen Sie die Höhe $\overline{CE}$ der senkrechten Lärmschutzwand, wenn die Spannweite $\overline{BC}$ 40 m beträgt. 2

15

Aufgabe 3 – Trigonometrie

Simon und Teresa möchten nach der Schule die neue Kletterhalle in ihrer Heimatstadt testen. Vor Ort finden die beiden eine große Kletterwand vor, die sowohl für Anfänger als auch für Fortgeschrittene geeignet ist.

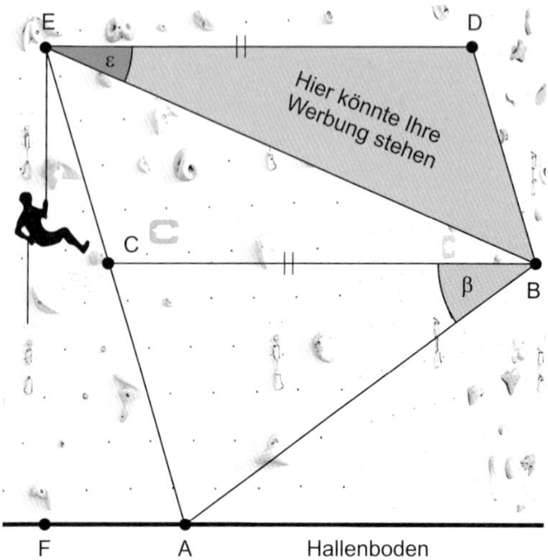

Details zur Kletterwand:

$|\overline{AB}| = 7{,}98\text{ m}$

$|\overline{BC}| = 7{,}91\text{ m}$

$|\overline{BD}| = 3{,}96\text{ m}$

$|\overline{AE}| = 8{,}86\text{ m}$

$|\overline{DE}| = 7{,}30\text{ m}$

$\beta = 37{,}68°$

$\varepsilon = 21{,}34°$

$\overline{ED} \parallel \overline{CB}$

Die Skizze ist nicht maßstabsgetreu.

Teresa klettert die Anfängerstrecke, die vom Punkt A zum Punkt E führt. Sie seilt sich von dort senkrecht zum Punkt F ab. Der Punkt E befindet sich 8,50 m über dem Hallenboden.

3.1 Berechnen Sie, wie weit Teresa vom Punkt A entfernt den Boden berührt. 2

Zum Aufwärmen klettert Simon die Übungsstrecke $\overline{AC}$.

3.2 Berechnen Sie die Länge dieser Strecke. 3

Im Anschluss möchte Simon die Tour für Fortgeschrittene klettern, bei der man vom Punkt A aus über die Punkte B und D zum Endpunkt E gelangt.

3.3 Berechnen Sie die Größe des Winkels $\sphericalangle DBA$.
(Zwischenergebnis: $\sphericalangle DBE = 42{,}13°$) 4

Bereits im Punkt B merkt Simon, dass seine Kräfte nachlassen und er das schwierigste Stück der Tour nicht mehr schafft. Deshalb entscheidet er sich, sofort zum Punkt E zu klettern.

3.4 Berechnen Sie die Länge der Abkürzung $\overline{BE}$.
(Ergebnis: $|\overline{BE}| = 9{,}74\text{ m}$) 4

Das Freizeitbad „elypso“ möchte an der großen Kletterwand 15 m^2 Werbung anbringen.

3.5 Überprüfen Sie rechnerisch, ob das Dreieck BDE dafür geeignet ist. 2

15

Aufgabe 4 – Daten und Zufall

In der Abschlussklasse müssen sich die Wirtschaftsschülerinnen und -schüler entscheiden, ob sie im Fach Mathematik oder im Fach Übungsunternehmen die Abschlussprüfung ablegen wollen.
An einer Wirtschaftsschule mit insgesamt 80 Abschlussschülern entschieden sich die Schüler/-innen 2019 wie in nebenstehender Tabelle dargestellt.

Abschluss 2019		
Klasse	Mathematik	Übungsunternehmen
10 a	18	12
10 b	19	6
10 c	18	7
davon waren weiblich:		
10 a	12	6
10 b	13	3
10 c	6	3

4.1 Berechnen Sie die absolute Häufigkeit der männlichen Abschlussschüler an dieser Wirtschaftsschule. 2

4.2 Erstellen Sie ein Säulendiagramm, das den prozentualen Anteil der Abschlussschüler pro Klasse im Fach Übungsunternehmen zeigt. 3

Im Fach Mathematik muss eine schriftliche Abschlussprüfung abgelegt werden, bei der maximal 75 Punkte erreicht werden können. Die 12 Abschlussschülerinnen der Klasse 10 a erzielten dabei insgesamt folgende Punkte:

Schülerin	A	B	C	D	E	F	G	H	I	J	K	L
Punkte	46	72	41	62	35	70	68	49	75	22	64	56

4.3 Ermitteln Sie das arithmetische Mittel und den Median der erzielten Punkte. 4

Nach der Abschlussprüfung in Deutsch wurde die Turnhalle aufgrund eines Wasserschadens gesperrt. Alle 80 Abschlussschüler mussten die Prüfungen in den Fächern BSK und Englisch in drei unterschiedlich großen Klassenzimmern schreiben.

Raum A: 24 Plätze	Raum B: 36 Plätze	Raum C: 20 Plätze

Es wurde per Los entschieden, welchen Raum der Prüfling zugewiesen bekam.

4.4 Fertigen Sie zu dem Zufallsexperiment „Zuweisung eines Klassenzimmers an den beiden Prüfungstagen" ein passendes Baumdiagramm an und tragen Sie die einzelnen Übergangswahrscheinlichkeiten ein. 4

4.5 Berechnen Sie die prozentuale Wahrscheinlichkeit für das Ereignis E: „Ein Schüler oder eine Schülerin legte beide Prüfungen im selben Raum ab." 2

15

Aufgabe 5 – Raum und Form

Die See-Meer-Fluss GmbH (kurz SMF GmbH) stellt verschiedene Arten von Bojen her.
Ein guter Kunde der SMF GmbH bestellt die Boje „Egypt“, welche die Form einer Doppelpyramide mit quadratischer Grundfläche ABCD und der Seitenlänge $a = 1$ m hat. Die Höhe der unteren Pyramide beträgt $h_u = 2{,}10$ m.

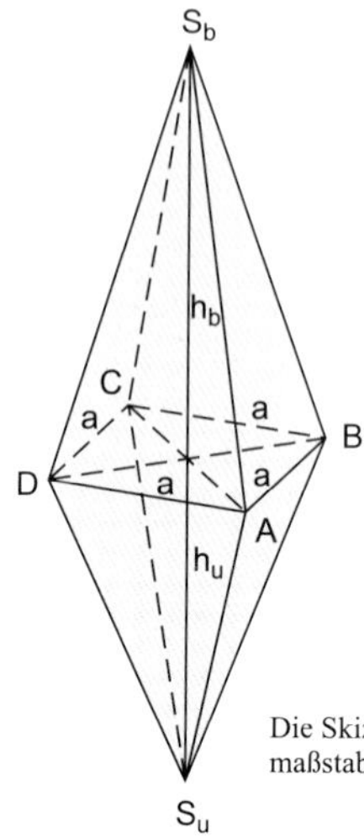

Die Skizze ist nicht maßstabsgetreu.

5.1 Berechnen Sie die Gesamthöhe $\overline{S_u S_b}$ der Boje, wenn das Volumen der oberen Pyramide um 20 % größer als das der unteren Pyramide ist. 4

In der Forschungsabteilung der SMF GmbH wird die neue Hochsee-Boje „Atlantik“ entwickelt. Sie besteht aus einer Halbkugel mit Radius $r = 1{,}50$ m, der eine kegelförmige Haube mit der Höhe $h_K = 4{,}13$ m aufgesetzt wurde.
Der halbkugelförmige Teil der Boje soll aus Kork hergestellt werden. Im Lager der SMF GmbH sind noch 100 m^3 Kork vorhanden.

Die Skizze ist nicht maßstabsgetreu.

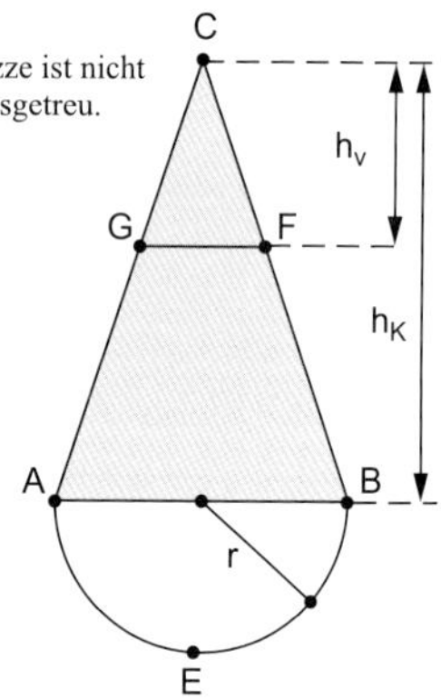

5.2 Berechnen Sie, wie viele halbkugelförmige Bauteile aus dem Lagerbestand hergestellt werden können, wenn 3 % Verschnitt berücksichtigt werden muss. 3

Die Hochsee-Boje muss vollständig mit einem Speziallack versehen werden.

5.3 Berechnen Sie die insgesamt zu lackierende Fläche der neuen Boje „Atlantik“. 5
(Zwischenergebnis: $|\overline{BC}| = 4{,}39$ m)

Stabilitätstests an der neuen Boje haben ergeben, dass im oberen, kegelförmigen Teil eine horizontale Verstrebung $\overline{GF}$ in Form einer Metallscheibe mit einem Durchmesser von 80 cm eingesetzt werden muss.

5.4 Berechnen Sie, welchen Abstand h_v diese zusätzliche Verstrebung $\overline{GF}$ von der Spitze C hat. 3

15

Lösung – Aufgabenteil A

Aufgaben ohne Benutzung des Taschenrechners

1. Familie Gruber besteht aus zwei Erwachsenen (Vater und Mutter), einem Jugendlichen (Jonas) und der Tochter Lena, die keinen Eintritt bezahlen muss. Die beiden Erwachsenen müssen jeweils 7 € bezahlen, während für Jonas 5 € Eintrittsgeld fällig sind. Mit dem Term $2 \cdot 7 + 5$ kann man daher den regulären Eintrittspreis berechnen.

   Da es in der ersten Ferienwoche 20 % Rabatt gibt, braucht Familie Gruber nur 80 % $(= \frac{80}{100} = 0{,}8 = \frac{4}{5})$ des Eintrittspreises bezahlen. Dieser Faktor muss mit dem regulären Preis multipliziert werden.

   Bei Lösung A würde man nur den Rabatt (20 % = 0,2) berechnen, während man bei Lösung C um 20 % mehr zahlen müsste (1,2 = 120 %).

   Lösung **B**

2. Der Satz des Pythagoras ist nur im rechtwinkligen Dreieck anwendbar. Dies bedeutet im Umkehrschluss: Wenn auf beiden Seiten der Gleichung beim Satz des Pythagoras der gleiche Zahlenwert steht, ist das Dreieck rechtwinklig.

   Im vorliegenden Beispiel muss die Hypotenuse 5 cm lang sein (längste Seite). Die anderen beiden Seiten (3 cm bzw. 4 cm lang) sind die Katheten.

   Wenn das Dreieck also rechtwinklig ist, müsste gelten:

   $$3^2 + 4^2 \stackrel{?}{=} 5^2$$
   $$9 + 16 \stackrel{?}{=} 25$$
   $$25 = 25$$

   Das ist eine wahre Aussage und somit ist gezeigt, dass das Dreieck rechtwinklig ist.

   Lösung **B** ist daher richtig.

3. Die ersten 4 Ziffern des Zahlenschlosses sind bereits richtig eingestellt. Es fehlt nur noch der letzte Ring. Darauf sind die Ziffern 0 bis 9 abgebildet. Es gibt also 10 Möglichkeiten (0, 1, 2, 3, 4, 5, 6, 7, 8, 9). Nur eine der 10 Ziffern ist ein günstiges Ergebnis (Schloss geht auf). Daher ist die Wahrscheinlichkeit, das Schloss beim ersten Versuch zu öffnen, $\frac{1}{10}$. Dies entspricht einer Wahrscheinlichkeit von 10 %.

   $$P(\text{Öffnen beim 1. Versuch}) = \underline{\underline{\frac{1}{10} = 10\,\%}}$$

4.1 Der dargestellte Teil des Graphen für die Flugphase „freier Fall" ist eine nach unten geöffnete Parabel. Deshalb muss der Formfaktor a negativ sein und es entfallen die Bausteine „$18x^2$" und „$1{,}8x^2$". Übrig bleibt der Baustein „$-1{,}8x^2$".
Der Parameter c zeigt den y-Achsenabschnitt. Die dargestellte Parabel schneidet die y-Achse bei +4.000 Meter. Daher gilt c = 4.000.

Die zusammengesetzte Funktionsgleichung lautet $\underline{\underline{y = -1{,}8x^2 + 4.000.}}$

4.2 Nach 40 Sekunden öffnet Hannes den Fallschirm. Er landet nach insgesamt 180 Sekunden (siehe Nullstelle). Um die Dauer des Gleitfluges zu berechnen, muss von der Gesamtflugzeit die Zeit des freien Falls abgezogen werden.

180 Sekunden – 40 Sekunden = $\underline{\underline{\text{140 Sekunden Gleitflug}}}$

5.1 Diese Aufgabe aus dem Bereich Prozentrechnung kann mit einem Dreisatz gelöst werden: Nach dem Ansatz, dass 3 % Grunderwerbsteuer einem Betrag von 4.503 € entspricht, ist auf beiden Seiten durch 3 zu teilen. Anschließend muss auf beiden Seiten mit 100 multipliziert werden, um den Kaufpreis des Grundstücks (100 %) zu ermitteln.

$$\begin{aligned} :3 \quad 3\,\% &\mathrel{\hat{=}} 4.503{,}00\,€ \quad :3 \\ \cdot 100 \quad 1\,\% &\mathrel{\hat{=}} 1.501{,}00\,€ \quad \cdot 100 \\ 100\,\% &\mathrel{\hat{=}} 150.100{,}00\,€ \end{aligned}$$

Der Kaufpreis des Grundstücks beläuft sich auf $\underline{\underline{150.100\ €}}$.

5.2 Die Säulenhöhe in der dargestellten Grafik entspricht der Annuität. Sie setzt sich aus Tilgung (oberer, hellerer Teil) und Zinsen (unterer, dunklerer Teil) zusammen.

Da die Säulen über die gesamte Laufzeit von 10 Jahren immer gleich hoch bleiben, muss es sich um eine $\underline{\underline{\text{Annuitätentilgung}}}$ handeln.

6. Um die Scheitelform in die Normalform umzuwandeln, muss zunächst die Klammer aufgelöst werden. Dies kann man über die binomische Formel machen oder man kann die Klammer mit sich selbst multiplizieren. Dabei muss jeder Faktor der ersten mit jedem Faktor der zweiten Klammer multipliziert werden. Anschließend wird alles so weit wie möglich zusammengefasst und so die Normalform hergestellt.

$$\begin{aligned} y = (x+3)^2 - 2 = (x+3)\cdot(x+3) - 2 &= \underbrace{x \cdot x} + \underbrace{x \cdot 3} + \underbrace{3 \cdot x} + \underbrace{3 \cdot 3} - 2 \\ &= x^2 + 3x + 3x + 9 - 2 \\ &= x^2 + 6x + 7 \end{aligned}$$

Die Behauptung von Laura ist richtig.

7. Im dargestellten Bild findet sich der Winkel $\alpha = 30°$ auch links unten im Dreieck wieder (Z-Winkel). Ebenso ist die Höhe des Turmes $h = 58$ m (Gegenkathete) bekannt. Die Entfernung x des Schiffes vom Turm entspricht der Länge der Ankathete. Mit dem Tangens im rechtwinkligen Dreieck kann die Entfernung x berechnet werden.

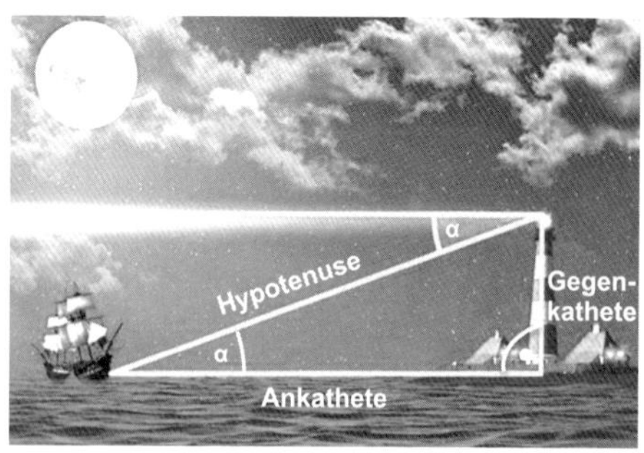

$$\tan\alpha = \frac{\text{Gegenkathete}}{\text{Ankathete}} = \frac{h}{x}$$

$$\tan 30° = \frac{58\ \text{m}}{x}$$

Der Wert $\tan 30° = 0{,}58$ wird der Tabelle entnommen.

Winkel	**5°**	**10°**	**15°**	**20°**	**25°**	**30°**	**3[illegible]**	**40°**	**45°**
sin ≈	0,09	0,17	0,26	0,34	0,42	0,50	[illegible]	0,64	0,71
cos ≈	1	0,98	0,97	0,94	0,91	0,87	0,82	0,77	0,71
tan ≈	0,09	0,18	0,27	0,36	0,47	0,58	0,70	0,84	1

$$0{,}58 = \frac{58\text{ m}}{x} \quad | \cdot x$$

$$0{,}58 \cdot x = 58\text{ m} \quad | : 0{,}58$$

$$x = 100\text{ m}$$

Das Schiff ist $\underline{\underline{100\text{ m}}}$ vom Leuchtturm entfernt.

8. Die Bezugsgröße für die Schätzung des Durchmessers ist beispielsweise die Länge des Fahrrads. Ein Fahrrad ist ca. 2 m lang. Daher kann der Durchmesser des Wassertanks ebenfalls auf 2 m geschätzt werden. Somit ergibt sich der Radius $r = d : 2 = 2\text{ m} : 2 = 1\text{ m}$. Der Wassertank ist in etwa 1,5-mal so hoch wie der Durchmesser lang ist. Daraus ergibt sich eine geschätzte Höhe von 3 m. Für π darf der Wert $\pi = 3$ eingesetzt werden.

Geschätzte Größen:
$d = 2\text{ m} \;\Rightarrow\; r = 1\text{ m}$
$h = 1{,}5 \cdot d = 1{,}5 \cdot 2\text{ m} = 3\text{ m}$

Berechnung des Volumens:
$V_{Zylinder} = r^2 \cdot \pi \cdot h$
$V_{Zylinder} = (1\text{ m})^2 \cdot 3 \cdot 3\text{ m} = 9\text{ m}^3$

Das Volumen des Wassertanks beträgt in etwa $\underline{\underline{9\text{ m}^3}}$.

Lösung – Aufgabenteil B

Aufgabe 1 – Finanzmathematik

1.1 Zunächst muss man berechnen, wie lange das Kapital von Luisa angelegt war: Von 2010 bis einschließlich 2019 sind es 10 Jahre (n = 10). Im Jahr 2010 wurde ein Startkapital von 7.500 € (K_0) angelegt und es wurden immer zu Jahresbeginn (vorschüssig) 2.500 € (Rente r) eingezahlt.
Es handelt sich daher um eine vorschüssige Kapitalmehrung mit Startkapital.

Gegeben: $K_0 = 7.500$ €; n = 10; p % = 2,1 % $\Rightarrow$ q = 1,021; r = 2.500 € (vorschüssig)

Gesucht: K'_n

Berechnung der Kapitalsumme nach 10 Jahren:

$$K'_n = K_0 \cdot q^n + r \cdot q \cdot \frac{q^n - 1}{q - 1}$$

$$K'_{10} = 7.500\,€ \cdot 1{,}021^{10} + 2.500\,€ \cdot 1{,}021 \cdot \frac{1{,}021^{10} - 1}{1{,}021 - 1}$$

$$\underline{\underline{K'_{10} = 37.309{,}77\,€}}$$

Luisa kann am Ende des Jahres 2019 über 37.309,77 € verfügen.

1.2 Auf Luisas Sparbuch wurden in den letzten 7 Jahren keine weiteren Ein- oder Auszahlungen vorgenommen. Daher kann man den Zinssatz mit der Zinseszinsformel berechnen, indem man das gegebene Startkapital K_0, das Endkapital K_n und die Laufzeit n einsetzt und nach q auflöst. Anschließend kann man den Zinsfaktor q in den Zinssatz p umwandeln.

Gegeben: $K_0 = 2.490{,}00$ €; $K_n = 2.763{,}51$ €; n = 7

Gesucht: p %; q

Berechnung des Zinsfaktors q:

$$K_n = K_0 \cdot q^n$$

$$2.763{,}51\,€ = 2.490\,€ \cdot q^7 \qquad |:2.490\,€$$

$$1{,}1098\ldots = q^7 \qquad |\sqrt[7]{\ }$$

$$q = 1{,}015$$

Berechnung des Zinssatzes p %:

Zur Umrechnung von q nach p verwendet man die Formel $q = 1 + \frac{p}{100}$.

$$q = 1 + \frac{p}{100}$$

$$1{,}015 = 1 + \frac{p}{100} \qquad |-1 \quad |\cdot 100$$

$$(1{,}015 - 1) \cdot 100 = p$$

$$\underline{\underline{p\,\% = 1{,}5\,\%}}$$

Luisa hat einen Zinssatz von 1,5 % auf ihr Sparbuch bekommen.

1.3 Von ihrem Erbe ($K_0 = 40.000$ €) möchte Luisa regelmäßig zu Beginn eines Jahres einen festen Betrag $r = 5.200$ € abheben (vorschüssige Kapitalminderung).
Um die Anzahl der Jahre, in denen sie den vollen Betrag abheben kann, zu berechnen, muss nach n aufgelöst werden. Der Wert für n muss am Ende auf ganze Jahre abgerundet werden.

Gegeben: $K_0 = 40.000$ €; $K'_n = 0$ €; $r = 5.200$ €; vorschüssige Kapitalminderung
$p\,\% = 1{,}8\,\% \;\Rightarrow\; q = 1{,}018$

Gesucht: n

Berechnung der Anzahl n der Jahre:

$$K'_n = K_0 \cdot q^n - r \cdot q \cdot \frac{q^n - 1}{q - 1}$$

$$0\,€ = 40.000\,€ \cdot 1{,}018^n - 5.200\,€ \cdot 1{,}018 \cdot \frac{1{,}018^n - 1}{1{,}018 - 1}$$

Substitution: $x = 1{,}018^n$

$$0\,€ = 40.000\,€ \cdot x - 5.293{,}60\,€ \cdot \frac{x - 1}{0{,}018} \qquad |\cdot 0{,}018$$

$$0\,€ = 720\,€ \cdot x - 5.293{,}60\,€ \cdot (x - 1)$$

$$0\,€ = 720\,€ \cdot x - 5.293{,}60\,€ \cdot x + 5.293{,}60\,€ \qquad |-5.293{,}60\,€$$

$$-5.293{,}60\,€ = -4.573{,}60\,€ \cdot x \qquad |:(-4.573{,}60\,€)$$

$$1{,}1574\ldots = x$$

Rück-Substitution: $x = 1{,}018^n$

$$1{,}1574\ldots = 1{,}018^n \qquad |\lg$$

$$\lg 1{,}1574\ldots = n \cdot \lg 1{,}018 \qquad |:\lg 1{,}018$$

$$n = \frac{\lg 1{,}1574\ldots}{\lg 1{,}018}$$

$$n = 8{,}19$$

Luisa kann 8 Jahre lang den vollen Betrag entnehmen, um davon ihre Werbepartner zu bezahlen.

Alternative Berechnung von n ohne die Substitution:

$$K'_n = K_0 \cdot q^n - r \cdot q \cdot \frac{q^n - 1}{q - 1}$$

$$0\,€ = 40.000\,€ \cdot 1{,}018^n - 5.200\,€ \cdot 1{,}018 \cdot \frac{1{,}018^n - 1}{1{,}018 - 1} \qquad |\cdot 0{,}018$$

$$0\,€ = 720\,€ \cdot 1{,}018^n - 5.293{,}60\,€ \cdot 1{,}018^n + 5.293{,}60\,€ \qquad |-5.293{,}60\,€$$

$$-5.293{,}60\,€ = -4.573{,}60\,€ \cdot 1{,}018^n \qquad |:(-4.573{,}60\,€)$$

$$\frac{-5.293{,}60\,€}{-4.573{,}60\,€} = 1{,}018^n \qquad |\lg$$

$$\lg\left(\frac{-5.293,60\ €}{-4.573,60\ €}\right) = n \cdot \lg 1,018 \qquad |: \lg 1,018$$

$$n = \frac{\lg\left(\frac{-5.293,60\ €}{-4.573,60\ €}\right)}{\lg 1,018}$$

$$n = 8,19$$

Luisa kann 8 Jahre lang den vollen Betrag entnehmen, um davon ihre Werbepartner zu bezahlen.

1.4 Dem beigefügten Darlehensvertrag ist zu entnehmen, dass es sich hier um eine Ratentilgung handelt (siehe § 3). Das erkennt man daran, dass die Tilgungsrate ($T = 3.400$ €) über die gesamte Laufzeit immer gleich bleibt.

Gegeben: $K_0 = 57.800$ €; $T = 3.400$ €; $p\ \% = 3,2\ \%$

Gesucht: Z_1; A_1; S_1; Z_2; A_2; S_2

Berechnung der Zinsen Z_1 im 1. Jahr:

$$Z_1 = K_0 \cdot \frac{p}{100} = 57.800\ € \cdot \frac{3,2}{100} = 1.849,60\ €$$

Berechnung der Annuität A_1 im 1. Jahr:

$$A_1 = Z_1 + T = 1.849,60\ € + 3.400\ € = 5.249,60\ €$$

Berechnung der Restschuld S_1 am Ende des 1. Jahres:

$$S_1 = K_0 - T = 57.800\ € - 3.400\ € = 54.400\ €$$

Berechnung der Zinsen Z_2 im 2. Jahr:

$$Z_2 = S_1 \cdot \frac{p}{100} = 54.400\ € \cdot \frac{3,2}{100} = 1.740,80\ €$$

Berechnung der Annuität A_2 im 2. Jahr:

$$A_2 = Z_2 + T = 1.740,80\ € + 3.400\ € = 5.140,80\ €$$

Berechnung der Restschuld S_2 am Ende des 2. Jahres:

$$S_2 = S_1 - T = 54.400\ € - 3.400\ € = 51.000\ €$$

Erstellung des Tilgungsplans:

Jahre	**Schuld am Jahresanfang**	**Zinsen**	**Tilgung**	**Annuität**	**Schuld am Jahresende**
1	57.800,00 €	1.849,60 €	3.400,00 €	5.249,60 €	54.400,00 €
2	54.400,00 €	1.740,80 €	3.400,00 €	5.140,80 €	51.000,00 €

1.5 Es ist zu berechnen, wann die Zinsen (Z_v) erstmals unter 1.000 € fallen. Gegeben sind der Zinsfaktor $q = 1,032$, die Gesamtlaufzeit $n = 17$ Jahre und die Tilgungsraten $T = 3.400$ €. In die Formel $Z_v = T \cdot (q-1) \cdot (n-v+1)$, die zur Berechnung der Zinsen in einem beliebigen Jahr v dient, können diese Größen eingesetzt werden. Zu berechnen ist dann das Jahr v, in dem die Zinsen erstmals weniger als 1.000 € betragen.

Gegeben: $Z_v = 1.000\ €$; $T = 3.400\ €$; $n = 17$; $q = 1{,}032$

Gesucht: v

$$Z_v = T \cdot (q-1) \cdot (n-v+1)$$
$$1.000\ € = 3.400\ € \cdot (1{,}032-1) \cdot (17-v+1)$$
$$1.000\ € = 3.400\ € \cdot 0{,}032 \cdot (18-v)$$
$$1.000\ € = 108{,}8\ € \cdot (18-v)$$
$$1.000\ € = 1.958{,}4\ € - 108{,}8\ € \cdot v \qquad \big| -1.958{,}4\ €$$
$$-958{,}4\ € = -108{,}8\ € \cdot v \qquad \big| : (-108{,}8\ €)$$
$$v = 8{,}81$$

Nach 9 Jahren betragen die Zinsen erstmalig weniger als 1.000,00 €.

Man kann das Ergebnis auch am vollständigen Tilgungsplan gut nachvollziehen:

Jahre	Schuld am Jahresanfang	Zinsen	Tilgung	Annuität	Schuld am Jahresende
1	57.800,00 €	1.849,60 €	3.400,00 €	5.249,60 €	54.400,00 €
2	54.400,00 €	1.740,80 €	3.400,00 €	5.140,80 €	51.000,00 €
3	51.000,00 €	1.632,00 €	3.400,00 €	5.032,00 €	47.600,00 €
4	47.600,00 €	1.523,20 €	3.400,00 €	4.923,20 €	44.200,00 €
5	44.200,00 €	1.414,40 €	3.400,00 €	4.814,40 €	40.800,00 €
6	40.800,00 €	1.305,60 €	3.400,00 €	4.705,60 €	37.400,00 €
7	37.400,00 €	1.196,80 €	3.400,00 €	4.596,80 €	34.000,00 €
8	34.000,00 €	1.088,00 €	3.400,00 €	4.488,00 €	30.600,00 €
9	30.600,00 €	979,20 €	3.400,00 €	4.379,20 €	27.200,00 €
10	27.200,00 €	870,40 €	3.400,00 €	4.270,40 €	23.800,00 €
11	23.800,00 €	761,60 €	3.400,00 €	4.161,60 €	20.400,00 €
12	20.400,00 €	652,80 €	3.400,00 €	4.052,80 €	17.000,00 €
13	17.000,00 €	544,00 €	3.400,00 €	3.944,00 €	13.600,00 €
14	13.600,00 €	435,20 €	3.400,00 €	3.835,20 €	10.200,00 €
15	10.200,00 €	326,40 €	3.400,00 €	3.726,40 €	6.800,00 €
16	6.800,00 €	217,60 €	3.400,00 €	3.617,60 €	3.400,00 €
17	3.400,00 €	108,80 €	3.400,00 €	3.508,80 €	0,00 €

Aufgabe 2 – Funktionaler Zusammenhang

2.1 Die Parabel p verläuft durch die Punkte $A_1(10\,|\,7)$ und $A_2(35\,|\,12)$. Darüber hinaus ist der Formfaktor $a = -0{,}04$ bekannt. Die beiden Punkte A_1 und A_2 sowie der Formfaktor a müssen in die Normalform $y = ax^2 + bx + c$ eingesetzt werden. Es entsteht ein lineares Gleichungssystem.

Gegeben: $A_1(10|7)$; $A_2(35|12)$; $a=-0{,}04$; $y=ax^2+bx+c$

Rechenschritte	**Erläuterungen**
$y=ax^2+bx+c$	Einsetzen von $A_1(10\|7)$, $A_2(35\|12)$ und $a=-0{,}04$ liefert zwei Gleichungen mit zwei Unbekannten.
I $\quad 7=-0{,}04\cdot 10^2+b\cdot 10+c$	$A_1(10\|7)$ und $a=-0{,}04$ eingesetzt
II $\quad 12=-0{,}04\cdot 35^2+b\cdot 35+c$	$A_2(35\|12)$ und $a=-0{,}04$ eingesetzt
I $\quad 7=-4+10b+c$ II $\quad 12=-49+35b+c$	Gleichungen vereinfacht
Berechnung von b:	
I – II $\quad -5=45-25b \quad \|-45$	Additionsverfahren: Gleichung I – Gleichung II
$-50=-25b \quad \|:(-25)$	Auflösen nach b
$\underline{b=2}$	
Berechnung von c:	
b in I $\quad 7=-4+10\cdot 2+c \quad \|+4$	Einsetzen von b in Gleichung I (oder II)
$11=20+c \quad \|-20$	Auflösen nach c
$\underline{c=-9}$	
Funktionsgleichung von p:	
p: $\underline{\underline{y=-0{,}04x^2+2x-9}}$	Einsetzen von a, b und c in die Normalform

2.2 Um die Spannweite der Brücke zu berechnen, müssen zunächst die Nullstellen der Parabel p gefunden werden. Diese berechnet man mit der Lösungsformel. Da die linke Nullstelle (x-Koordinate vom Punkt B) nicht im Koordinatenursprung liegt, muss man zur Berechnung der Spannweite von der zweiten Nullstelle ($x_C=45$) 5 [m] abziehen.

$y=0=-0{,}04x^2+2x-9$

$a=-0{,}04$; $b=2$; $c=-9$

$$x_{1/2}=\frac{-b\pm\sqrt{b^2-4ac}}{2a}$$

$$x_{1/2}=\frac{-2\pm\sqrt{2^2-4\cdot(-0{,}04)\cdot(-9)}}{2\cdot(-0{,}04)}$$

$$x_{1/2}=\frac{-2\pm\sqrt{2{,}56}}{-0{,}08}$$

$$x_{1/2}=\frac{-2\pm 1{,}6}{-0{,}08}$$

$x_1=5;\quad x_2=45$

$|\overline{BC}|=45-5=40 \mathrel{\hat{=}} 40\text{ m}$

Die Spannweite des Brückenbogens beträgt $\underline{\underline{40\text{ m}}}$.

2.3 Für die Baugenehmigung ist der höchste Punkt der Parabel (also der Scheitelpunkt) entscheidend. Hiervon reicht es, den y-Wert y_S auszurechnen. Für diesen gilt die Formel:

$$y_S = c - \frac{b^2}{4a}$$

Es gilt weiterhin: $a = -0{,}04$; $b = 2$; $c = -9$

$$y_S = c - \frac{b^2}{4a} = -9 - \frac{2^2}{4 \cdot (-0{,}04)} = -9 + 25 = 16$$

Wegen $16\text{ m} < 20\text{ m}$ darf der Brückenbogen wie geplant gebaut werden.

2.4 Wenn man die Punkte A_1 und A_2 in die Normalform $y = mx + t$ einsetzt, entsteht ein Gleichungssystem. Durch das Subtraktionsverfahren kann man m berechnen. Dieser Wert in I oder II eingesetzt liefert als Ergebnis den y-Achsenabschnitt t und somit die vollständige Funktionsgleichung.

Gegeben: $A_1(10\,|\,7)$; $A_2(35\,|\,12)$; $y = mx + t$

I $\quad 7 = m \cdot 10 + t$

II $\quad 12 = m \cdot 35 + t$

I – II $\quad -5 = -25 \cdot m \qquad |:(-25)$

$\underline{0{,}2 = m}$

m in I: $7 = 0{,}2 \cdot 10 + t$

$7 = 2 + t \qquad |-2$

$\underline{5 = t}$

Die Funktionsgleichung von g lautet: $\underline{\underline{g\text{: } y = 0{,}2x + 5}}$

Alternative Lösungsmöglichkeit:

Mit der Punktsteigungsformel kann man zunächst die Steigung m berechnen. Anschließend setzt man einen Punkt und das berechnete m in $y = mx + t$ ein, um t zu bekommen.

$$m = \frac{y_2 - y_1}{x_2 - x_1} = \frac{12 - 7}{35 - 10} = \frac{5}{25} = 0{,}2$$

$A_1(10\,|\,7)$ und m einsetzen in $y = m \cdot x + t$:

$7 = 0{,}2 \cdot 10 + t \;\Rightarrow\; t = 5$

$\Rightarrow\; \underline{\underline{g\text{: } y = 0{,}2x + 5}}$

2.5 Die Lärmschutzwand beginnt im Punkt C. Von diesem Punkt sind zunächst die Koordinaten zu ermitteln: $C(5 + \text{Spannweite}\,|\,0) \;\Rightarrow\; C(45\,|\,0)$
Die Höhe h der Lärmschutzwand bekommt man, wenn man den x-Wert des Punktes C ($x_C = 45$) in die Funktionsgleichung der Geraden g einsetzt und y berechnet.

$x = 45$ in g:

$y = 0{,}2 \cdot 45 + 5 = 14$

$\Rightarrow\; h = 14\text{ m}$

Die Höhe der Lärmschutzwand beträgt $\underline{\underline{14\text{ m}}}$.

Aufgabe 3 – Trigonometrie

3.1 Es ist vorteilhaft, wenn man den Weg, den Teresa noch zurücklegen muss, bis zum Punkt F zu Ende zeichnet. So entsteht das rechtwinklige Dreieck AEF, in dem der Satz des Pythagoras angewendet werden kann: $\overline{AE}$ ist die Hypotenuse, $\overline{EF}$ und $\overline{FA}$ sind die Katheten.

Berechnung von $|\overline{FA}|$:

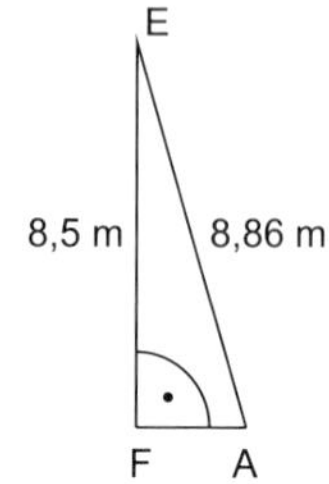

$$|\overline{AE}|^2 = |\overline{EF}|^2 + |\overline{FA}|^2$$
$$(8{,}86\text{ m})^2 = (8{,}5\text{ m})^2 + |\overline{FA}|^2 \qquad |-(8{,}5\text{ m})^2$$
$$6{,}2496\text{ m}^2 = |\overline{FA}|^2 \qquad |\sqrt{}$$
$$\underline{\underline{|\overline{FA}| = 2{,}5\text{ m}}}$$

3.2 Vom Dreieck ABC sind zwei Seiten und der eingeschlossene Winkel bekannt. Daher kann mit dem Kosinussatz die gesuchte Länge der Strecke $\overline{CA}$ berechnet werden.

Gegeben: $|\overline{AB}| = 7{,}98$ m; $|\overline{BC}| = 7{,}91$ m; $\beta = 37{,}68°$

Gesucht: $|\overline{CA}|$

Berechnung von $|\overline{CA}|$ mit dem Kosinussatz:

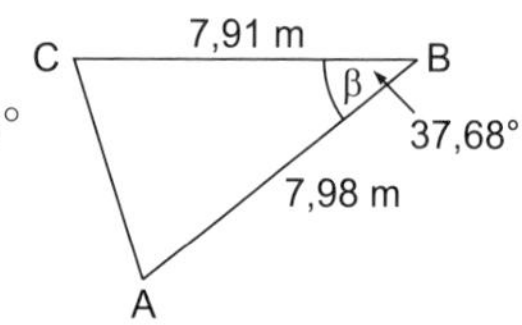

$$|\overline{CA}|^2 = |\overline{AB}|^2 + |\overline{BC}|^2 - 2 \cdot |\overline{AB}| \cdot |\overline{BC}| \cdot \cos\beta$$
$$|\overline{CA}|^2 = (7{,}98\text{ m})^2 + (7{,}91\text{ m})^2 - 2 \cdot 7{,}98\text{ m} \cdot 7{,}91\text{ m} \cdot \cos 37{,}68°$$
$$|\overline{CA}|^2 = 26{,}33\text{ m}^2 \qquad |\sqrt{}$$
$$\underline{\underline{|\overline{CA}| = 5{,}13\text{ m}}}$$

3.3 Der gesuchte Winkel $\sphericalangle$DBA setzt sich aus den Winkeln α, β und ε zusammen (siehe Skizze). Der Winkel $\sphericalangle$EBC ist Z-Winkel zu ε und daher auch 21,34° groß. Der Winkel β ist aus der Angabe bekannt (β = 37,68°).
Somit ist zunächst der Winkel $\alpha = \sphericalangle DBE$ zu berechnen. Dies kann mit dem Sinussatz im Dreieck BDE erfolgen. Wichtig dabei ist, dass beim Sinussatz immer jeweils eine Seitenlänge und der Sinus des gegenüberliegenden Winkels ins Verhältnis gesetzt werden.

Berechnung von $\alpha = \sphericalangle DBE$ mit dem Sinussatz:

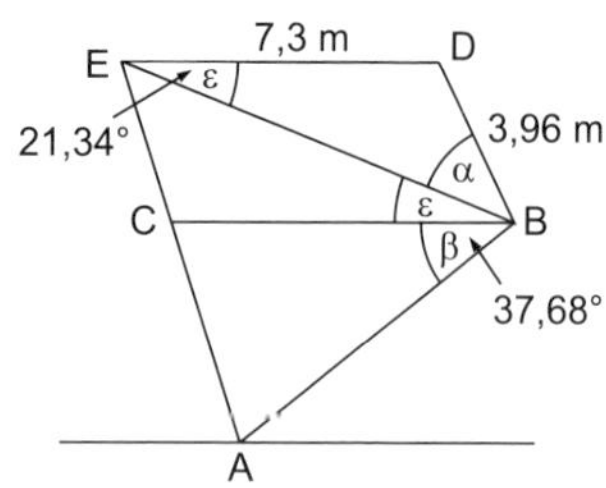

$$\frac{\sin\alpha}{|\overline{DE}|} = \frac{\sin\varepsilon}{|\overline{BD}|}$$
$$\frac{\sin\alpha}{7{,}3\text{ m}} = \frac{\sin 21{,}34°}{3{,}96\text{ m}} \qquad |\cdot 7{,}3\text{ m}$$
$$\sin\alpha = 0{,}6708\ldots$$
$$\underline{\alpha = 42{,}13°}$$

Berechnung von $\sphericalangle$DBA:
Den gesuchten Winkel $\sphericalangle$DBA erhält man, indem man die Winkel α = 42,13°, β = 37,68° und ε = 21,34° ($\sphericalangle$EBC ist Z-Winkel zu ε) addiert.
$\sphericalangle DBA = \alpha + \varepsilon + \beta = 42{,}13° + 21{,}34° + 37{,}68° = \underline{\underline{101{,}15°}}$

3.4 Vom Dreieck BDE, in dem sich auch die gesuchte Abkürzung $\overline{EB}$ befindet, sind bisher zwei Winkel (α und ε) sowie zwei Seitenlängen ($|\overline{DE}|$ und $|\overline{BD}|$) bekannt. Um $|\overline{EB}|$ zu berechnen, muss man zunächst den gegenüberliegenden Winkel $\gamma = \sphericalangle EDB$ über die Innenwinkelsumme im Dreieck (180°) bestimmen. Danach kann mit dem Sinussatz die fehlende Seitenlänge berechnet werden.

Berechnung von $\gamma = \sphericalangle EDB$:

$\gamma = 180° - \alpha - \varepsilon = 180° - 42{,}13° - 21{,}34° = \underline{116{,}53°}$

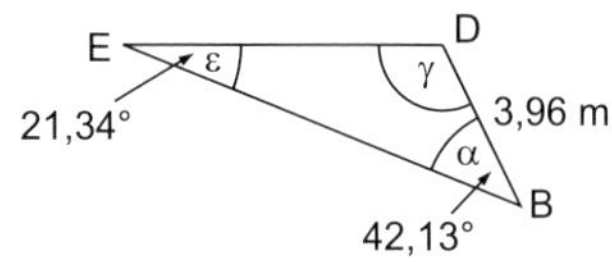

Berechnung von $|\overline{EB}|$ mit dem Sinussatz:

$$\frac{|\overline{EB}|}{\sin\gamma} = \frac{|\overline{BD}|}{\sin\varepsilon}$$

$$\frac{|\overline{EB}|}{\sin 116{,}53°} = \frac{3{,}96\text{ m}}{\sin 21{,}34°} \qquad |\cdot \sin 116{,}53°$$

$$\underline{\underline{|\overline{EB}| = 9{,}74\text{ m}}}$$

Alternative Lösungsmöglichkeit:

Ebenso könnte man (nachdem γ bestimmt wurde) die gesuchte Seite $\overline{EB}$ mit dem Kosinussatz berechnen. Wichtig beim Aufstellen des Ansatzes ist es, dass der Winkel γ von den bekannten Seiten ($\overline{BD}$ und $\overline{DE}$) eingeschlossen wird.

Gegeben: $|\overline{BD}| = 3{,}96$ m; $|\overline{DE}| = 7{,}3$ m; $\gamma = 116{,}53°$

Gesucht: $|\overline{EB}|$

Berechnung von $|\overline{EB}|$ mit dem Kosinussatz:

$$|\overline{EB}|^2 = |\overline{BD}|^2 + |\overline{DE}|^2 - 2 \cdot |\overline{BD}| \cdot |\overline{DE}| \cdot \cos\gamma$$

$$|\overline{EB}|^2 = (3{,}96\text{ m})^2 + (7{,}3\text{ m})^2 - 2 \cdot 3{,}96\text{ m} \cdot 7{,}3\text{ m} \cdot \cos 116{,}53°$$

$$|\overline{EB}|^2 = 94{,}8\text{ m}^2 \qquad |\sqrt{}$$

$$\underline{\underline{|\overline{EB}| = 9{,}74\text{ m}}}$$

3.5 Gesucht ist der Flächeninhalt des Dreiecks BDE. Dieser kann mit der Formel

$A_{BDE} = \dfrac{|\overline{DE}| \cdot |\overline{EB}| \cdot \sin\varepsilon}{2}$ berechnet werden.

Beim Aufstellen des Ansatzes ist zu beachten, dass der Winkel ε von den beiden verwendeten Seiten ($\overline{DE}$ und $\overline{EB}$) eingeschlossen wird. Am Ende muss überprüft werden, ob die Dreiecksfläche mindestens so groß wie die gewünschte Werbefläche von 15 m^2 ist.

$$A_{BDE} = \frac{1}{2} \cdot |\overline{DE}| \cdot |\overline{EB}| \cdot \sin\varepsilon$$

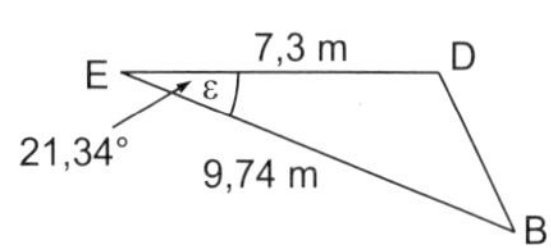

$$A_{BDE} = \frac{1}{2} \cdot 7{,}3\text{ m} \cdot 9{,}74\text{ m} \cdot \sin 21{,}34°$$

$$A_{BDE} = 12{,}93\text{ m}^2 < 15\text{ m}^2$$

Das Dreieck BDE ist für die gewünschte Werbung $\underline{\underline{\text{nicht geeignet}}}$.

Aufgabe 4 – Daten und Zufall

4.1 Die absolute Häufigkeit H der männlichen Abschlussschüler (AS) kann man berechnen, indem man von der Gesamtschülerzahl (80 Schüler/-innen) die Anzahl der Schülerinnen abzieht. Um die Anzahl an weiblichen Abschlussschülern zu bekommen, muss man zunächst addieren.

Abschluss 2019		
Klasse	Mathematik	Übungs-unternehmen
10 a	18	12
10 b	19	6
10 c	18	7
en waren weiblich:		
10 a	12	6
10 b	13	3
10 c	6	3

$$H(\text{weibliche AS}) = 12 + 6 + 13 + 3 + 6 + 3 = \underline{43} \text{ [Schülerinnen]}$$

$$H(\text{männliche AS}) = H(\text{alle AS}) - H(\text{weibliche AS}) = 80 - 43 = \underline{\underline{37}} \text{ [Schüler]}$$

4.2 Zunächst muss pro Klasse der prozentuale Anteil an Abschlussschülern, die Übungsunternehmen (ÜU) gewählt haben, ermittelt werden. Dazu teilt man die Anzahl der ÜU-Schüler durch die Gesamtanzahl der Schüler in der jeweiligen Klasse. Diese Anteile sind dann in einem geeigneten Säulendiagramm darzustellen.

10 a	**10 b**	**10 c**	
12	6	7	ÜU-Schüler der Klasse
$18 + 12 = 30$	$19 + 6 = 25$	$18 + 7 = 25$	alle Schüler der Klasse
$\frac{12}{30} = 0{,}4000$	$\frac{6}{25} = 0{,}2400$	$\frac{7}{25} = 0{,}2800$	relative Häufigkeit
40,00 %	24,00 %	28,00 %	in Prozent

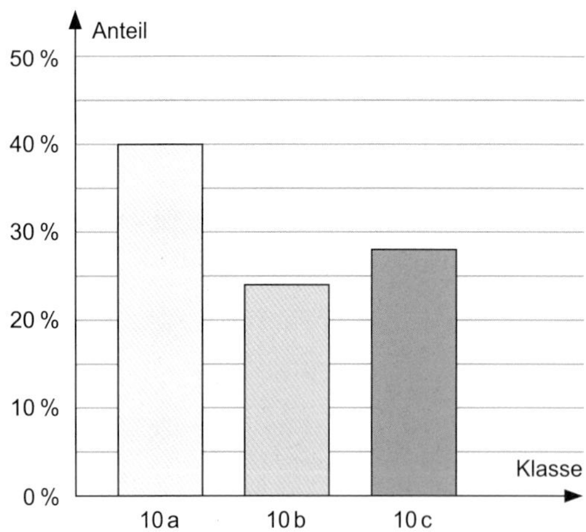

4.3 **Berechnung des arithmetischen Mittels $\overline{x}$:**

Um das arithmetische Mittel zu errechnen, müssen alle Punktzahlen zusammengezählt und das Ergebnis durch die Anzahl der Schülerinnen (n = 12 Schülerinnen) geteilt werden.

$$\overline{x} = \frac{46+72+41+62+35+70+68+49+75+22+64+56}{12} = \frac{660}{12} = \underline{\underline{55}}$$

Berechnung des Medians x_{med}:

Zunächst werden die Punktzahlen der Größe nach geordnet. Da eine gerade Anzahl an Daten vorliegt, ist der Median das arithmetische Mittel der beiden in der Mitte liegenden Werte.

$$22 < 35 < 41 < 46 < 49 < \boxed{56 < 62} < 64 < 68 < 70 < 72 < 75$$

$$x_{med} = \frac{56+62}{2} = \underline{\underline{59}}$$

4.4 Der erste Prüfling findet an jedem der beiden Prüfungstage (BSK und Englisch) den gleichen „Lostopf" vor. Es stehen jeweils 24 Lose mit der Beschriftung „Raum A", 36 Lose mit „Raum B" und 20 Lose mit „Raum C" zur Verfügung. Somit handelt es sich hier um „Ziehen mit Zurücklegen".
Am ersten Prüfungstag (BSK) hat der erste Prüfling drei Auswahlmöglichkeiten (Raum A, B oder C). Am zweiten Prüfungstag (Englisch) ist die Situation unverändert. Daher ergibt sich folgendes Baumdiagramm.

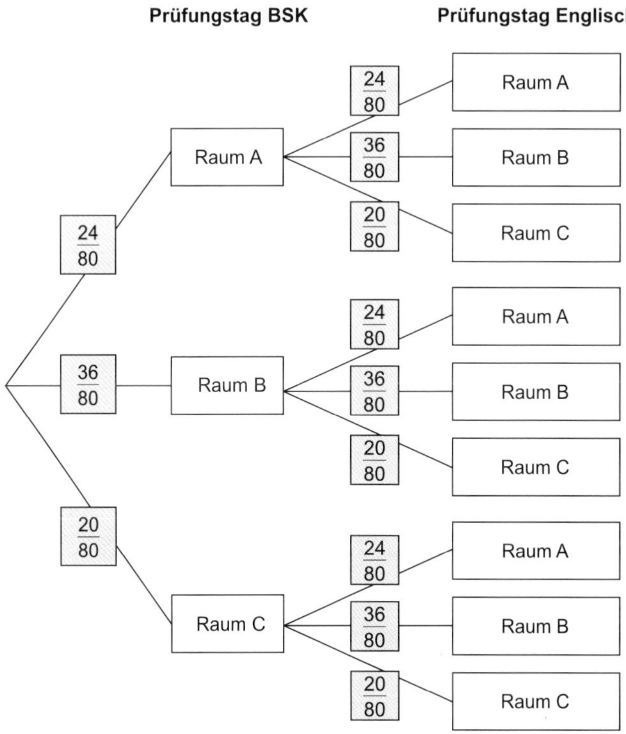

Die Wahrscheinlichkeiten können auch als Dezimalzahlen und in Prozent ($\frac{24}{80} = 0,3 = 30\ \%$ und $\frac{36}{80} = 0,45 = 45\ \%$ sowie $\frac{20}{80} = 0,25 = 25\ \%$) angegeben werden.

	Raum A	**Raum B**	**Raum C**
	30 %	45 %	25 %
Schüler: 80	24	36	20

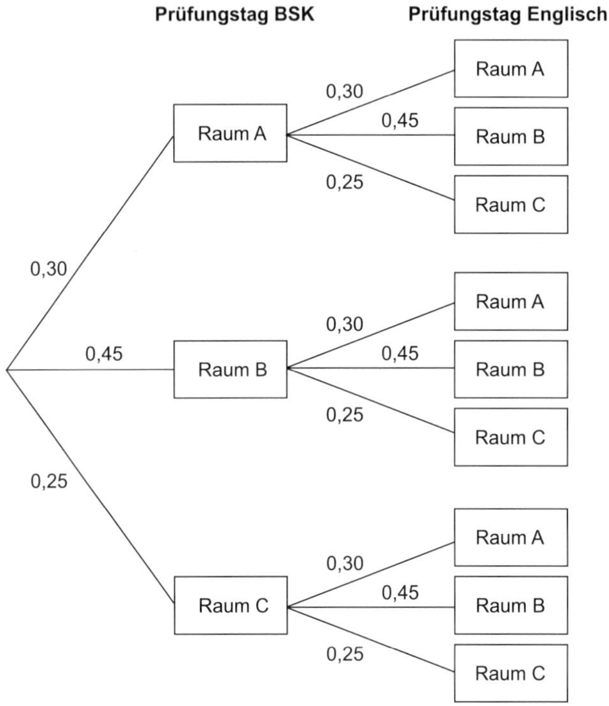

4.5 Das Ereignis, dass ein Schüler oder eine Schülerin beide Prüfungen im gleichen Raum ablegt, tritt dann ein, wenn er oder sie entweder beide Tage in Raum A (oberer Weg), in Raum B (mittlerer Weg) oder in Raum C (unterer Weg) war. Die Wahrscheinlichkeiten entlang des Pfades müssen zunächst multipliziert werden. Die Einzelwahrscheinlichkeiten werden dann addiert.

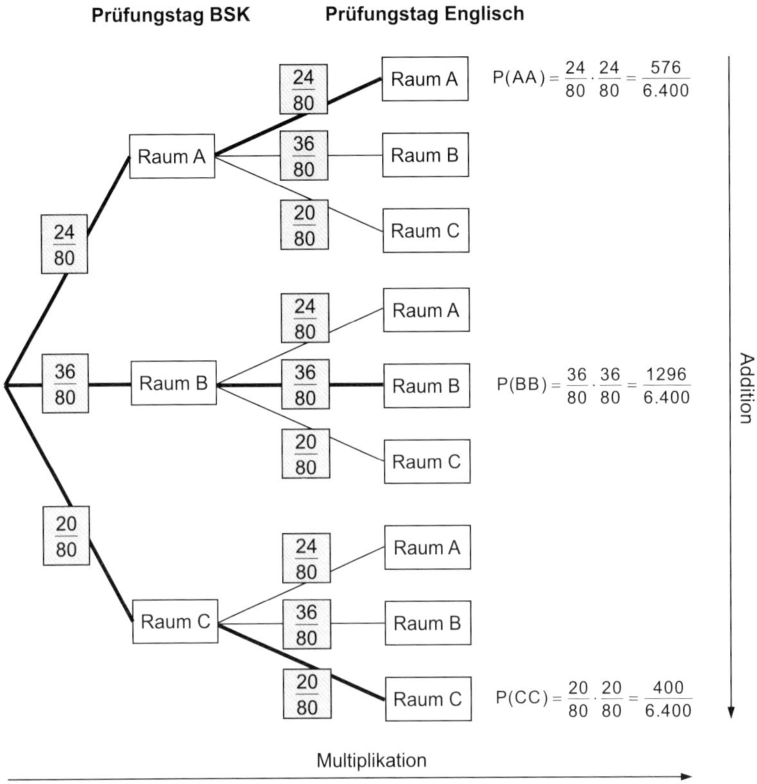

$$P(E) = P(AA) + P(BB) + P(CC)$$

$$= \frac{24}{80} \cdot \frac{24}{80} + \frac{36}{80} \cdot \frac{36}{80} + \frac{20}{80} \cdot \frac{20}{80}$$

$$= \frac{576}{6.400} + \frac{1296}{6.400} + \frac{400}{6.400}$$

$$= \frac{2272}{6.400} = \underline{\underline{\frac{71}{200}}} = \underline{\underline{0{,}355}} = \underline{\underline{35{,}50\ \%}}$$

5.1 Zunächst muss man das Volumen V_u der unteren Pyramide berechnen. Anschließend berechnet man das Volumen V_o der oberen Pyramide, indem man dem Volumen der unteren Pyramide 20 % zuschlägt. Aus dem Volumen der oberen Pyramide kann man dann die Höhe h_b der oberen Pyramide berechnen. Die Gesamthöhe ergibt sich aus der Höhe der unteren und der Höhe der oberen Pyramide.

Gegeben: $a = 1\text{ m};\ h_u = 2{,}10\text{ m}$

Gesucht: $|\overline{S_u S_b}|$

Berechnung der beiden Volumina V_u und V_o:

$$V_u = \frac{1}{3} \cdot a^2 \cdot h_u = \frac{1}{3} \cdot (1\text{ m})^2 \cdot 2{,}10\text{ m} = \underline{0{,}7\text{ m}^3}$$

$$V_o = V_u \cdot \left(1 + \frac{p}{100}\right) = 0{,}7\text{ m}^3 \cdot \left(1 + \frac{20}{100}\right) = 0{,}7\text{ m}^3 \cdot 1{,}2 = \underline{0{,}84\text{ m}^3}$$

Berechnung der Höhe h_b:

$$V_o = \frac{1}{3} \cdot a^2 \cdot h_b$$

$$0{,}84\text{ m}^3 = \frac{1}{3} \cdot (1\text{ m})^2 \cdot h_b \qquad |\cdot 3 \quad |:1\text{ m}^2$$

$$\underline{h_b = 2{,}52\text{ m}}$$

Berechnung der Gesamthöhe:

$$|\overline{S_u S_b}| = h_u + h_b = 2{,}1\text{ m} + 2{,}52\text{ m} = \underline{\underline{4{,}62\text{ m}}}$$

Alternative Lösungsmöglichkeit:

Das Volumen einer Pyramide berechnet sich mit der Formel $V = \frac{1}{3} \cdot \text{Grundfläche} \cdot \text{Höhe}$. Da beide Pyramiden dieselbe Grundfläche haben und das Volumen der oberen Pyramide um 20 % größer ist als das der unteren Pyramide, muss die Höhe h_b der oberen Pyramide um 20 % größer sein als die Höhe h_u der unteren.

$$h_b = 1{,}2 \cdot h_u = 1{,}2 \cdot 2{,}1\text{ m} = \underline{2{,}52\text{ m}}$$

$$\Rightarrow \quad |\overline{S_u S_b}| = h_u + h_b = 2{,}1\text{ m} + 2{,}52\text{ m} = \underline{\underline{4{,}62\text{ m}}}$$

5.2 Zunächst muss man berechnen, welches Volumen V_{HK} die Halbkugel besitzt. Anschließend schlägt man diesem Ergebnis 3 % zu (Faktor 1,03), um den Verschnitt zu berücksichtigen.
Die Anzahl der Bauteile, die aus dem Lagerbestand von 100 m³ Kork hergestellt werden können, erhält man durch Division der Lagermenge durch die benötigte Menge pro Bauteil (inkl. Verschnitt), wobei am Ende abgerundet werden muss.

$$V_{HK} = \frac{1}{2} \cdot \frac{4}{3} \cdot r^3 \cdot \pi = \frac{1}{2} \cdot \frac{4}{3} \cdot (1{,}5\text{ m})^3 \cdot \pi = 7{,}07\text{ m}^3$$

V_{HK} mit Verschnitt $= V_{HK} \cdot 1{,}03 = 7{,}28\text{ m}^3$

Anzahl = Lagerbestand : (V_{HK} mit Verschnitt) $= 100\text{ m}^3 : 7{,}28\text{ m}^3 = 13{,}74$, also 13 Stück

Aus dem Lagerbestand können $\underline{\underline{\text{13 Bauteile}}}$ hergestellt werden.

5.3 Die zu lackierende Oberfläche setzt sich aus der Oberfläche O_{HK} der Halbkugel und der Mantelfläche M_{Kegel} des Kegels zusammen.
Die Oberfläche der Halbkugel kann durch Einsetzen in die Formel $O_{HK} = \frac{1}{2} \cdot 4 \cdot r^2 \cdot \pi$ berechnet werden. Um jedoch die Mantelfläche des Kegels berechnen zu können, muss man zuerst im Querschnittsdreieck mit dem Satz des Pythagoras die Länge der Seitenlinie s berechnen. Danach kann mit der Formel $M_{Kegel} = r \cdot s \cdot \pi$ für die Mantelfläche des Kegels diese ermittelt werden. Zum Schluss müssen beide Flächeninhalte addiert werden.

Gegeben: $r = 1{,}5\ m$; $h_K = 4{,}13\ m$

Gesucht: O_{ges}

Berechnung der Oberfläche O_{HK} der Halbkugel:

$$O_{HK} = \frac{1}{2} \cdot 4 \cdot r^2 \cdot \pi = \frac{1}{2} \cdot 4 \cdot (1{,}5\ m)^2 \cdot \pi = \underline{14{,}14\ m^2}$$

Berechnung der Länge der Seitenlinie s mit dem Satz des Pythagoras:

$$s^2 = r^2 + {h_K}^2$$
$$s^2 = (1{,}5\ m)^2 + (4{,}13\ m)^2$$
$$s^2 = 19{,}31\ m^2 \qquad |\sqrt{\ }$$
$$\underline{s = 4{,}39\ m}$$

Querschnitt Kegel:

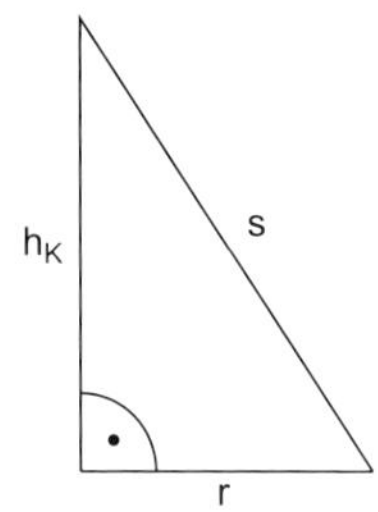

Berechnung der Mantelfläche M_{Kegel} des Kegels:

$$M_{Kegel} = r \cdot s \cdot \pi = 1{,}5\ m \cdot 4{,}39\ m \cdot \pi = \underline{20{,}69\ m^2}$$

Berechnung der gesamten Oberfläche:

$$O_{ges} = O_{HK} + M_{Kegel} = 14{,}14\ m^2 + 20{,}69\ m^2 = \underline{\underline{34{,}83\ m^2}}$$

5.4 Es wird das Querschnittsdreieck ABC (siehe Skizze) mit der parallel eingezogenen Verstrebung $\overline{GF}$ betrachtet. Die Höhe h_v kann mithilfe des Strahlensatzes berechnet werden. Dazu wird der kurze Strahl h_v ins Verhältnis zum langen Strahl h_K gesetzt. Auf dem zweiten Bruch steht das Verhältnis der kurzen Parallelen (Verstrebung $\overline{GF}$) zur langen Parallelen (Durchmesser $\overline{AB}$).

Gegeben: $|\overline{AB}| = 2 \cdot r = 2 \cdot 1{,}5\ m = 3\ m = 300\ cm$; $|\overline{GF}| = 80\ cm$; $h_K = 4{,}13\ m = 413\ cm$

Gesucht: h_v

Berechnung der Höhe h_v mit dem Strahlensatz:

$$\frac{h_v}{h_K} = \frac{|\overline{GF}|}{|\overline{AB}|}$$
$$\frac{h_v}{413\ cm} = \frac{80\ cm}{300\ cm} \qquad |\cdot 413\ cm$$
$$h_v = \frac{80}{300} \cdot 413\ cm$$
$$h_v = 110{,}13\ cm$$
$$\underline{\underline{h_v \approx 1{,}10\ m}}$$

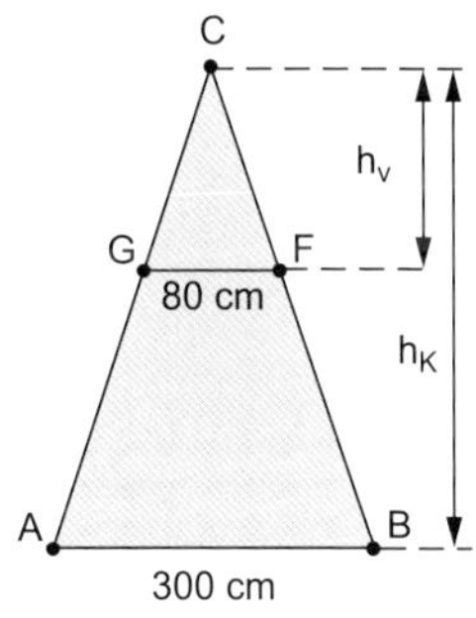

Abschlussprüfung 2021 an drei- und vierstufigen Wirtschaftsschulen
Mathematik – Aufgabenteil A

Hinweis: Wegen der Corona-Pandemie wurden in diesem Jahr auch Aufgaben aus dem Aufgabenteil A durch die Lehrkraft gestrichen. Aus Aufgabenteil A musste der „Block ohne Wahlmöglichkeit" sowie zwei der drei Wahlblöcke bearbeitet werden.

Aufgaben ohne Benutzung des Taschenrechners – Block ohne Wahlmöglichkeit

1. Familie Böck will verreisen. Das Ferienhaus kostet pro Übernachtung 125,00 €. Die Familie bucht sofort und erhält 15 % Rabatt.
   Berechnen Sie den Preisnachlass für acht Übernachtungen. 1

2. Sohn Tom will in den acht Urlaubstagen nur einen Teil seiner gesparten 300,00 € ausgeben. Er stellt für die Berechnung seiner täglichen Ausgaben den Term $y = -8x + 300$ auf, wobei x die Tagesausgaben sind.
   Ermitteln Sie rechnerisch unter Anwendung des Terms, wie hoch Toms tägliche Ausgaben sein dürfen, damit er nach dem Urlaub noch 100,00 € zur Verfügung hat. 2

3. Damit die Autofahrt schneller vergeht, stellen sich die Geschwister gegenseitig Rätselaufgaben. Tom zeichnet die Skizze eines Dreiecks.
   Begründen Sie, warum das nebenan dargestellte Dreieck mit den Winkel- und Seitenangaben nicht existieren kann. 1

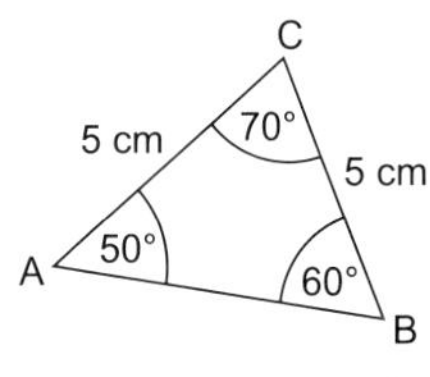

4. Auf dem Dach der Raststation wird eine neue Photovoltaikanlage installiert. Die Grundkonstruktion des Gebäudes ist als Skizze abgebildet.
Für die Planung dieser Anlage benötigt der Betreiber die Dachlänge $\overline{AB}$.
Berechnen Sie diese Länge, wenn das Dach auf jeder Seite 75 cm übersteht. 2

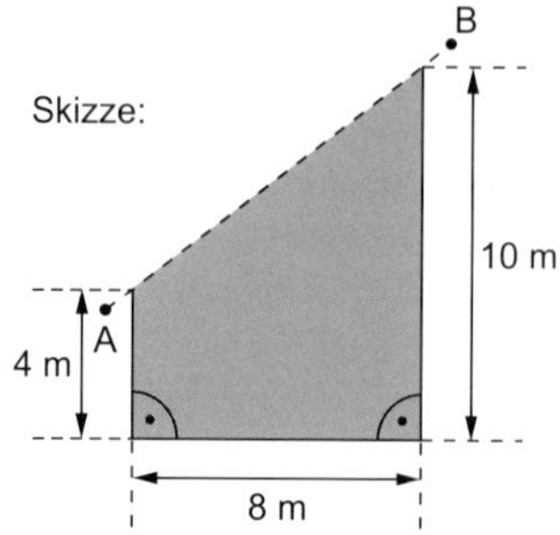

5. Herr Böck ist Gitarrenbauer und hat sich in den Urlaub etwas Arbeit mitgenommen. Mit einem Geometrie-Programm entwirft er eine neue E-Gitarre. Die obere Linie des Gitarrenkörpers wird an der Funktion f entlang gezeichnet.
Geben Sie an, welche der unten angegebenen Funktionen f entspricht. 1

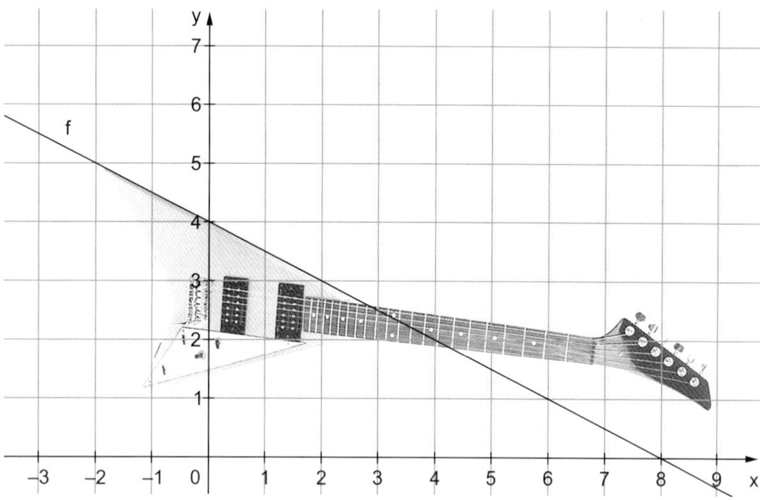

A	B	C	D	Lösung
$y = \frac{1}{2}x + 4$	$y = -0{,}5x - 4$	$y = -0{,}5x + 4$	$y = 0{,}5x - 4$	

7

Aufgaben ohne Benutzung des Taschenrechners – Wahlblock 1

1.1 Herr Böck sorgt sich um die Einbruchssicherheit seines Hauses während der Urlaubszeit. Er installiert eine Alarmanlage mit einem dreistelligen Code. Für jede Ziffer kann Herr Böck eine Zahl von 0 bis 9 auswählen. Folgendes Baumdiagramm zeigt die Codeeingabemöglichkeiten.

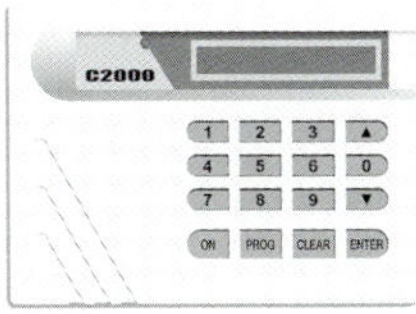

Openclipart

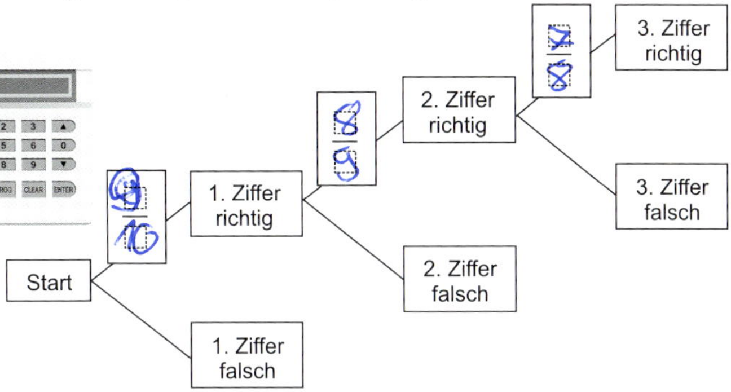

Ergänzen Sie das Baumdiagramm und bestimmen Sie die Wahrscheinlichkeit, dass ein Einbrecher den Code beim 1. Versuch knackt. 2

A	B	C	D	Lösung
$\frac{1}{10.000}$	$\frac{3}{1.000}$	$\frac{1}{10^3}$	1 %	

1.2 Auf dem Weg in den Urlaub macht die Familie an einer Autobahnraststätte Pause. Dort kauft sich die Tochter Manuela einen Döner. Der Imbiss hat von Dienstag bis Samstag geöffnet. Die Dönerverkaufszahlen sind im nebenstehenden Diagramm pro Tag dargestellt. Ermitteln Sie nachvollziehbar, wie viele Döner durchschnittlich pro Tag verkauft werden. 2

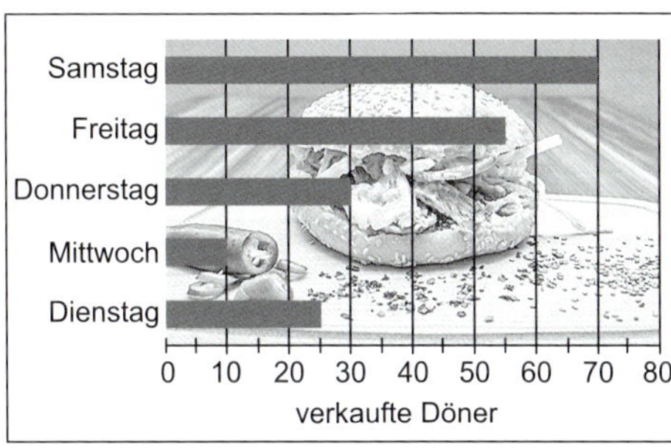

4

2.1 Frau Böck lässt sich an der Raststätte in ihren mitgebrachten Becher bis auf 2 cm unter den Rand Kaffee einfüllen. Sie bezahlt dafür 4,10 €.

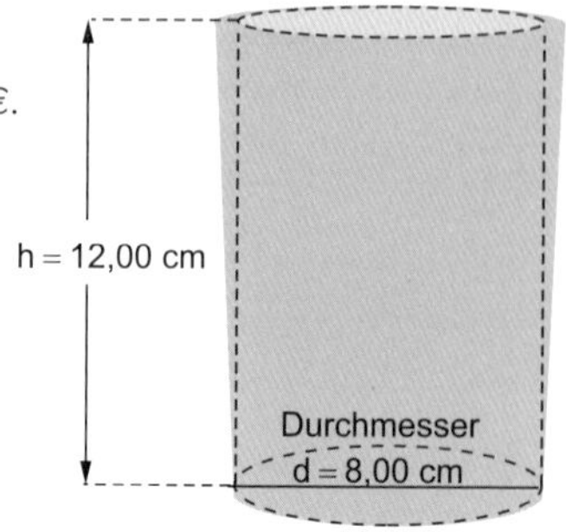

Prüfen Sie durch Rechnung, ob Frau Böck wegen ihres innen zylindrischen Bechers zu viel für den Kaffee bezahlt hat. Rechnen Sie mit $\pi = 3$. 2

2.2 Im Urlaub macht die Familie einen Ausflug zu einem Aussichtsturm. Manuela möchte die Höhe des Turms bestimmen. Sie nutzt ihr Wissen über die Strahlensätze und berechnet die Höhe. Manuela ist 160 cm groß.

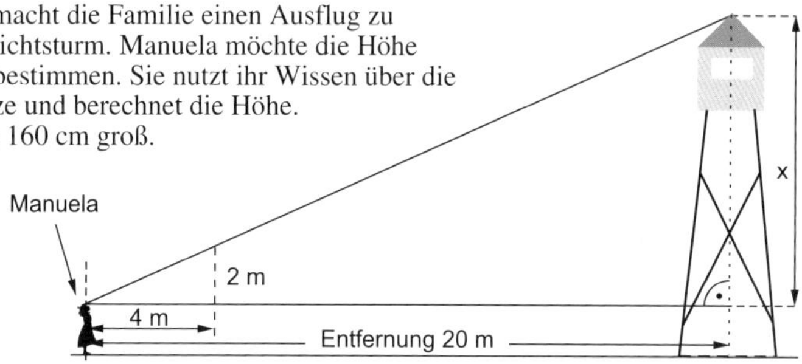

Berechnen Sie die Höhe des Aussichtsturms. 2

4

3.1 Herr Böck lässt sich am Urlaubsort einen Kontoauszug ausdrucken und muss feststellen, dass er sein Girokonto für 60 Tage überzogen hat. Sein Beleg zeigt, dass ihm die Bank 10,00 € Zinsen berechnet.
Der Überziehungszinssatz beträgt 10 %.
Berechnen Sie, mit wie viel Euro sein Konto überzogen ist. 2

3.2 Frau Böck stöbert im Urlaub auf ihrer Lieblingsmodeseite im Internet. Dort erhält sie einen Preisnachlass in Höhe von 30 %. Sie kauft sich drei Oberteile und spart somit 36,60 €.
Berechnen Sie, wie viel die drei Bekleidungsteile insgesamt ohne Nachlass gekostet haben. 2

4

Abschlussprüfung 2021 an drei- und vierstufigen Wirtschaftsschulen
Mathematik – Aufgabenteil B

Aufgabe 1 – Finanzmathematik

Die MM5 GmbH benötigt für die Lagerung ihrer Produkte ein neues Gebäude.
Die Kaufsumme dafür beträgt 2.700.000,00 €. Aktuell verfügt die MM5 GmbH über ein Eigenkapital von lediglich 2.400.000,00 €.

1.1 Berechnen Sie, wie viele volle Jahre die MM5 GmbH ihr derzeitiges Eigenkapital bei einem Zinssatz von 1,80 % p. a. anlegen muss, um das neue Gebäude finanzieren zu können. 3

Herr Marx arbeitet im Außendienst der MM5 GmbH. Von seinem Gehalt überweist er monatlich einen gleichbleibenden Betrag auf sein Sparkonto bei der DIGIBANK (siehe Anlage Seite 7).

1.2 Berechnen Sie den Zinssatz, den die Bank Herrn Marx gewährt. 2

Die Firma stellt Herrn Marx einen elektrisch angetriebenen Firmenwagen zur Verfügung. Die Kosten des PKWs betragen abzüglich der E-Auto-Prämie 35.000,00 €, die zu einem Zinssatz von 2,00 % finanziert werden. Dazu unterbreitet die DIGIBANK der MM5 GmbH zwei Darlehensvarianten (siehe Anlage Seite 7).

1.3 Vervollständigen Sie die beiden dazugehörigen Tilgungspläne für die ersten zwei Jahre und benennen Sie das jeweilige Tilgungsverfahren der Bank. 4

Die Geschäftsführung der MM5 GmbH bevorzugt Angebot 2 mit einer jährlichen Annuität in Höhe von 5.407,92 €. Vertraglich wird ein Sondertilgungsrecht zur vollständigen Rückzahlung des Kredites vereinbart.

1.4 Berechnen Sie die Höhe der Sondertilgung, mit der die MM5 GmbH den Kredit nach fünf Jahren zurückzahlen kann. 2

In naher Zukunft plant die MM5 GmbH den Umstieg zu rein elektrisch betriebenen Dienstfahrzeugen mit entsprechender Ladeinfrastruktur vor Ort. Dazu baut sie ab dem kommenden Jahr Kapital zur Finanzierung auf.
Zu einem bestehenden Kontoguthaben von 50.000,00 € wird zum 01.01. eines jeden Jahres eine Rate von 16.000,00 € einbezahlt. Die Bank gewährt einen festen Zinssatz von 2,50 %.

1.5 Berechnen Sie, nach wie vielen Jahren die Firma frühestens mit dem Umstieg zur E-Mobilität beginnen kann, wenn sie dafür 120.000,00 € benötigt. 4

15

Anlage zu 1. Finanzmathematik

Zu Teilaufgabe 1.2

Kontoauszug vom 01.05.2021 Auszug – Nr. 12 IBAN: DE24 6210 0145 762 5415 81 BIC: DIBADEFF Herrn Matthias Marx Schmausenbuckstr. 30 90480 Nürnberg		**DIGIBANK** USt-IdNr.: DE 115 104 514 Filiale Nürnberg Treibberg 7 90403 Nürnberg
	Kontowährung in €	
Angaben zu den Umsätzen	zu Ihren Lasten	zu Ihren Gunsten
Buchungsdatum 01.04.2021 Matthias Marx Spareinlage Kundenreferenz: 2341J4JI		**750,00**
Buchungsdatum 30.04.2021 Abrechnungszeitraum vom 01.04.2021 bis 30.04.2021 Zinsentgelt		**1,25**

Zu Teilaufgabe 1.3

Angebot 1	Tilgungsverfahren: ______________________

Jahr	**Restschuld**	**Zinsen**	**Tilgung**	**Annuität**
1	35.000,00 €		5.000,00 €	
2		600,00 €		5.600,00 €

Angebot 2	Tilgungsverfahren: ______________________

Jahr	**Restschuld**	**Zinsen**	**Tilgung**	**Annuität**
1	35.000,00 €	700,00 €		
2	30.292,08 €		4.802,08 €	

Aufgabe 2 – Funktionaler Zusammenhang

Michael ist ein talentierter Skateboarder. Er möchte mithilfe einer Rampe über die Stufen des Jugendzentrums bis auf die Straße springen.

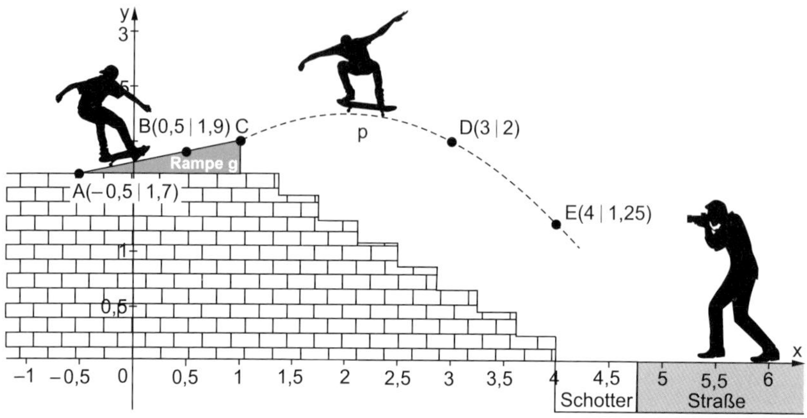

2.1 Bestimmen Sie die Steigung m der geradlinig verlaufenden Rampe g durch die Punkte A(–0,5 | 1,7) und B(0,5 | 1,9). 2

Seine Flugbahn kann als parabelförmige Flugkurve p durch die Punkte D(3 | 2) und E(4 | 1,25) mit dem Formfaktor $a = -0{,}25$ dargestellt werden.

2.2 Bestimmen Sie die Funktionsgleichung der Flugparabel p. 4
(Ergebnis: p: $y = -0{,}25x^2 + x + 1{,}25$)

Freund Moritz soll Michael bei seinem Sprung fotografieren. Für das optimale Foto müssen vorab noch einige Werte berechnet werden.

2.3 Berechnen Sie die Koordinaten des Absprungpunktes C, wenn die Rampe durch die lineare Funktion g: $y = 0{,}2x + 1{,}8$ dargestellt wird. 4

2.4 Berechnen Sie die maximale Höhe, die Michael auf seiner Flugbahn gegenüber der Straße erreichen wird. 2

Damit Michael den Sprung stehen kann, darf er nicht auf dem Schotter am Ende der Stufen aufkommen.

2.5 Zeigen Sie rechnerisch, dass Michael auf der Straße landet, die bei $x = 4{,}75$ m beginnt. 3

15

Aufgabe 3 – Trigonometrie

Im Münchner Olympiapark soll eine neue Touristenattraktion installiert werden. Der Olympiaberg B, das Olympiastadion S und die Schwimmhalle H werden mit Hängebrücken verbunden.
Außerdem sollen zwei Flying-Fox-Anlagen gebaut werden. Die Anfängerstrecke verläuft vom Olympiaberg B zum Ufer des Sees Z. Für Fortgeschrittene ist eine Anlage vom Dach des Olympiastadions S ebenfalls zum Ufer Z geplant.

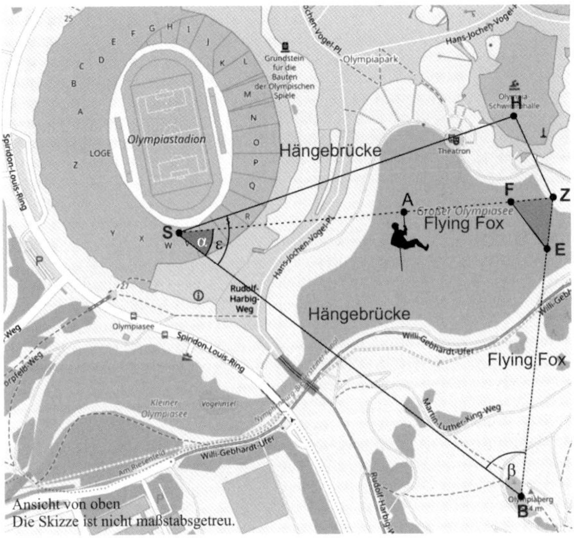

OpenStreetMap/Open Database License (ODbL)

Details zur Anlage:

$|\overline{HZ}| = 140\text{ m}$

$|\overline{SZ}| = 600\text{ m}$

$|\overline{HS}| = 565\text{ m}$

$\alpha = 42{,}03°$

$\beta = 59{,}75°$

3.1 Berechnen Sie die nötige Gesamtlänge der Seile für beide Flying-Fox-Anlagen. 3

Aus statischen Gründen darf der Öffnungswinkel $\varepsilon = \sphericalangle BSH$ zwischen den beiden Hängebrücken nicht größer als 60° sein.

3.2 Prüfen Sie rechnerisch, ob diese Bedingung eingehalten wird. 4

Um Unfällen im Landebereich vorzubeugen, muss das dreieckige Gebiet FEZ abgesperrt werden. Die Anlagenbetreiber messen die Strecken mit $|\overline{FZ}| = 80\text{ m}$ und $|\overline{EZ}| = 70\text{ m}$ ab.

3.3 Berechnen Sie den Flächeninhalt dieses Gebietes. 3

Zur Eröffnung der Anlage möchte der Weltmeister im Klippenspringen seinen eigenen Rekord im freien Fall von 58,80 m überbieten.
Er stoppt im Punkt A, klinkt sich aus und landet sicher im Punkt W.

Sprungdetails:

$|\overline{AS}| = 195{,}50\text{ m}$

$|\overline{SZ}| = 600\text{ m}$

$|\overline{WZ}| = 400\text{ m}$

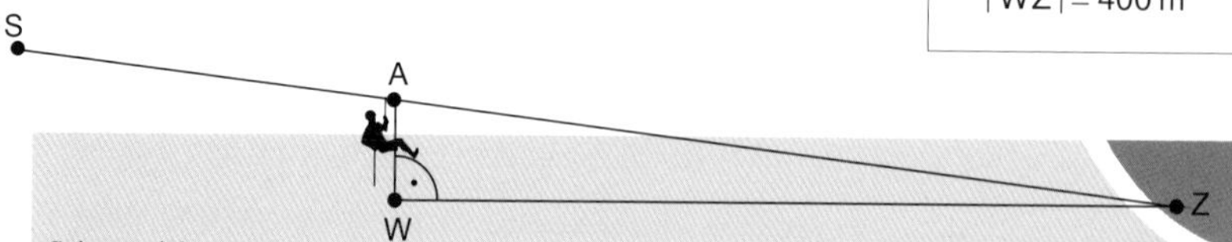

Seitenansicht
Die Skizze ist nicht maßstabsgetreu.

3.4 Überprüfen Sie rechnerisch, ob der Weltrekord gebrochen wurde. 3
(Ergebnis: $|\overline{AW}| = 60{,}17\text{ m}$)

Damit die Geschwindigkeit für die Benutzer der Anlage nicht zu groß wird, darf das Gefälle des Flying-Fox nicht größer als 16 % sein.

3.5 Zeigen Sie rechnerisch, dass die Vorgabe eingehalten wird. 2

15

Aufgabe 4 – Daten und Zufall

Das vor allem bei Teenagern beliebte Smartphone-Spiel „Taschenmonster GO" lässt die Nutzer mit den kleinen Monstern anspruchsvolle Duelle austragen. Die SMV einer Wirtschaftsschule veranstaltet ein klassenübergreifendes „Taschenmonster-GO"-Turnier und hat hierfür alle Schülerinnen und Schüler der 10. und 11. Klassen ihrer Schule befragt, ob sie an diesem Turnier teilnehmen wollen.

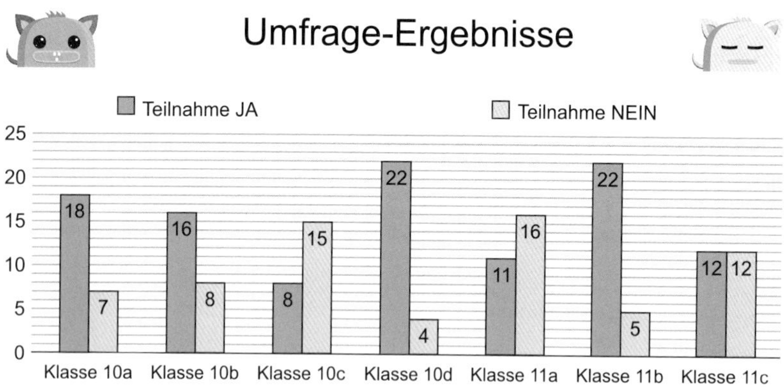

4.1 Bestimmen Sie die absolute Häufigkeit für das Ereignis E_1: „Eine Schülerin oder ein Schüler der 10. Klasse nimmt nicht am Turnier teil." 1

4.2 Bestimmen Sie die relative Häufigkeit für das Ereignis E_2: „Eine Schülerin oder ein Schüler der 11. Klasse nimmt am Turnier teil." 2

Um bei dem Handyspiel erfolgreich zu sein, ist es notwendig, sich im Freien zu bewegen. Je größer die zurückgelegte Strecke, desto wahrscheinlicher ist es, außergewöhnlichen Monstern zu begegnen. Alle 8 Teilnehmer der Klasse 10c haben ihre Tageskilometer in einer Tabelle zusammengefasst.

Max	Anna	Kathrin	Laura	Sevgi	Sami	Luca	Lea
0,80	1,20	2,30	1,40	0,30	21,80	2,70	1,90

4.3 Bestimmen Sie den Median, die Spannweite und das arithmetische Mittel der zurückgelegten Strecken. 4
(Teilergebnis: $\overline{x} = 4{,}05$ km)

4.4 Begründen Sie, weshalb das arithmetische Mittel in diesem Fall keine geeignete Kennzahl für einen Vergleich mit einer anderen Klasse darstellt. 1

Das Spiel ist so programmiert, dass das Erscheinen der verschiedenen Taschenmonster während des Aufenthalts im Freien absolut zufällig geschieht. Die Monster werden in drei Arten eingeteilt: Die Basismonster (B), die weiterentwickelten Monster (E) und die legendären Monster (L). Es taucht nur immer jeweils ein Monster auf, wobei sich die Wahrscheinlichkeiten des Erscheinens zwischen den verschiedenen Monsterarten unterscheiden.
Die Klasse 10a hat ein Zufallsexperiment durchgeführt, bei dem sich die Schülerinnen und Schüler die ersten beiden Monster notiert haben.
Folgendes Baumdiagramm zum obigen Sachverhalt wurde erstellt.

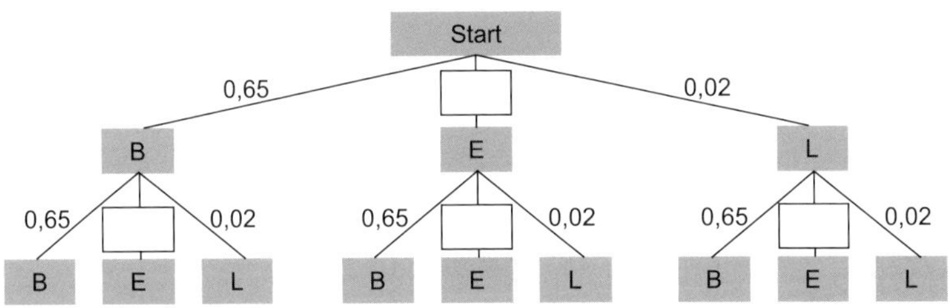

4.5 Vervollständigen Sie die fehlenden Werte des Baumdiagramms. 1

4.6 Berechnen Sie die prozentuale Wahrscheinlichkeit für das Ereignis E_3: „Die ersten beiden Monster sind Basismonster (B).“ 2

4.7 Berechnen Sie die prozentuale Wahrscheinlichkeit für das Ereignis E_4: „Bei den ersten beiden Monstern ist mindestens ein legendäres Taschenmonster (L) dabei.“ 3

Der Klassensprecher Georg meint: „Es ist unmöglich, viermal hintereinander ein legendäres Taschenmonster zu treffen.“

4.8 Nehmen Sie Stellung zu Georgs Aussage. 1

15

Aufgabe 5 – Raum und Form

Die Firma Windenergy renoviert alte Windmühlen. Das nächste Projekt ist eine zylinderförmige Windmühle mit kegelförmigem Dach (siehe Bild).

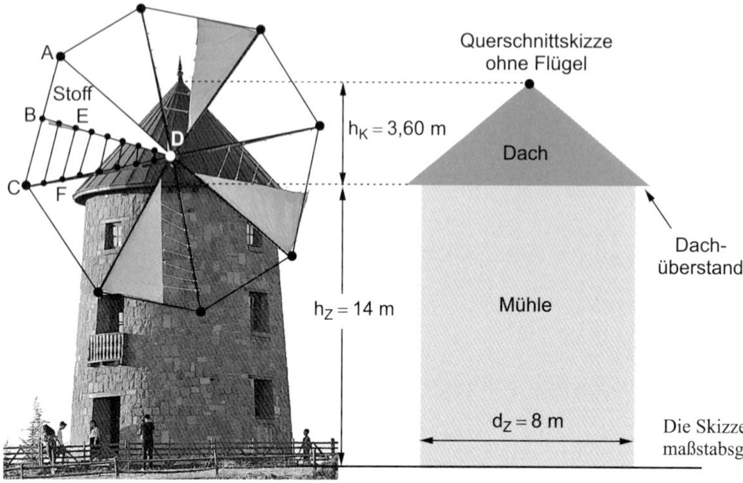

Die Skizze ist nicht maßstabsgetreu.

Die Mühle hat einen Durchmesser $d_Z = 8$ m und eine Höhe $h_Z = 14$ m.

5.1 Berechnen Sie, welche Fläche an der Außenfassade der Mühle neu verputzt werden muss, wenn 15 % davon Fenster und Türen sind. 3

Laut altem Bauplan beträgt das Volumen des kegelförmigen Dachraums 66,50 m^3.

5.2 Berechnen Sie, wie weit das Dach an jeder Seite der Mühle übersteht (Dachüberstand). (Zwischenergebnis: $r_K = 4{,}20$ m) 3

5.3 Berechnen Sie die gesamte Fläche des zu sanierenden Daches. 3

Zur Trockenlegung der Mauern muss rund um den Hauptbau ein 0,5 m breiter und 1 m tiefer kreisrunder Graben ausgehoben und mit Kies befüllt werden (siehe Skizze).

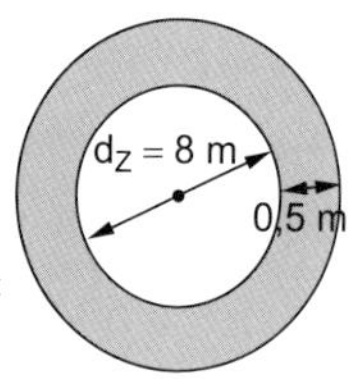

Die Skizze ist nicht maßstabsgetreu.

5.4 Berechnen Sie, wie viele m^3 Kies zur vollständigen Befüllung des Grabens notwendig sind. 3

Die Flügel der Windmühle bestehen aus gleichschenkligen Dreiecken ACD. Einige davon sind zur Hälfte mit Stoff bespannt. Durch die andere Hälfte sind parallel zur Grundlinie Schnüre gezogen. Diese sind in acht gleichmäßigen Abständen an der Strecke $\overline{CD}$ bzw. $\overline{BD}$ befestigt (siehe Bild). Die Schnur zwischen den Punkten E und F ist abgerissen und muss ersetzt werden.

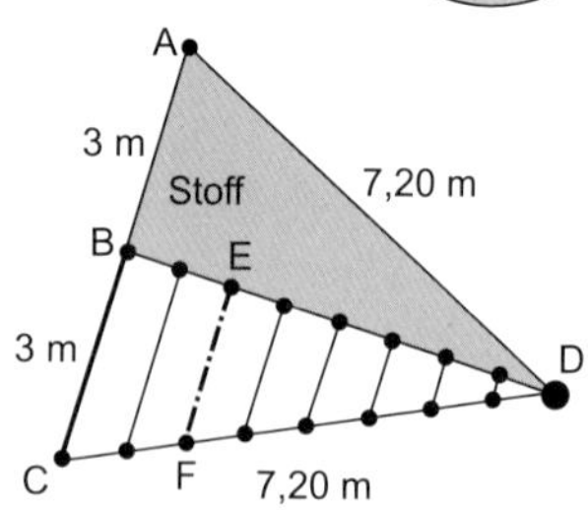

Die Skizze ist nicht maßstabsgetreu.

5.5 Berechnen Sie die Länge der Schnur $\overline{EF}$. 3

15

Lösung – Aufgabenteil A

Aufgaben ohne Benutzung des Taschenrechners – Block ohne Wahlmöglichkeit

1. Zunächst müssen die Kosten ermittelt werden, die Familie Böck für acht Übernachtungen **ohne Rabatt** tragen müsste. Auf diese Kosten (Grundwert) erhalten sie einen Rabatt von 15 % (Prozentsatz). Der Prozentwert (Rabatt in €) wird mit dem Dreisatz oder der Lösungsformel berechnet.

   Berechnung des Gesamtpreises ohne Rabatt:
   $8 \cdot 125{,}00\text{ €} = 1.000{,}00\text{ €}$

   Berechnung der Höhe des Rabatts in €:

   1. Möglichkeit: Dreisatz

   $$\begin{array}{rrcll} :100 & 100\,\% & \hat{=} & 1.000{,}00\text{ €} & :100 \\ \cdot 15 & 1\,\% & \hat{=} & 10{,}00\text{ €} & \cdot 15 \\ & 15\,\% & \hat{=} & \underline{\underline{150{,}00\text{ €}}} & \end{array}$$

   2. Möglichkeit: Lösungsformel

   Gegeben: $G = 1.000{,}00\text{ €};\ p\,\% = 15\,\%$
   Gesucht: P

   $$P = \frac{G \cdot p}{100} = \frac{1.000{,}00\text{ €} \cdot 15}{100} = \underline{\underline{150{,}00\text{ €}}}$$

   Der Preisnachlass für acht Übernachtungen beträgt 150,00 €.

   Alternative Lösungsmöglichkeit:

   Es ist auch möglich, den Rabatt pro Tag zu berechnen und diesen Wert mit 8 (acht Übernachtungen) zu multiplizieren. Allerdings erfordert dies einen höheren Rechenaufwand.

   Berechnung des Rabatts pro Tag:

   1. Möglichkeit: Dreisatz

   $$\begin{array}{rrcll} :100 & 100\,\% & \hat{=} & 125{,}00\text{ €} & :100 \\ \cdot 15 & 1\,\% & \hat{=} & 1{,}25\text{ €} & \cdot 15 \\ & 15\,\% & \hat{=} & 18{,}75\text{ €} & \end{array}$$

   2. Möglichkeit: Lösungsformel

   Gegeben: $G = 125{,}00\text{ €};\ p\,\% = 15\,\%$
   Gesucht: P

   $$P = \frac{G \cdot p}{100} = \frac{125{,}00\text{ €} \cdot 15}{100} = 18{,}75\text{ €}$$

   Berechnung der Gesamthöhe des Rabatts in €:
   $8 \cdot 18{,}75\text{ €} = \underline{\underline{150{,}00\text{ €}}}$

   Der Preisnachlass für acht Übernachtungen beträgt 150,00 €.

2. Diese Aufgabe könnte auch durch Probieren gelöst werden. Die Aufgabenstellung gibt aber vor, dass der gegebene Term $y = -8x + 300$ verwendet werden soll.
   x ist dabei die gesuchte Größe und steht für die Tagesausgaben.
   y ist das zur Verfügung stehende Kapital nach 8 Tagen.
   Da Tom nach 8 Tagen noch 100 € zur Verfügung haben will, wird der Wert $y = 100$ in den Term eingesetzt und die Gleichung nach x aufgelöst.

   Einsetzen von $y = 100$ in $y = -8x + 300$ liefert:

   $$\begin{aligned} 100 &= -8x + 300 && \mid -300 \\ -200 &= -8x && \mid :(-8) \\ x &= 25 \end{aligned}$$

   Toms tägliche Ausgaben dürfen $\underline{\underline{25\text{ €}}}$ betragen.

3. Da die beiden gegebenen Seiten gleich lang sind, ist das Dreieck gleichschenklig. Überlege, was bei einem gleichschenkligen Dreieck für die Basiswinkel gilt.

Das dargestellte Dreieck ABC ist gleichschenklig ($a = b = 5$ cm). Bei einem gleichschenkligen Dreieck müssen die Basiswinkel gleich groß sein. Hier gilt aber $\alpha = 50° \neq \beta = 60°$. Daher kann das dargestellte Dreieck mit den Winkel- und Seitenangaben nicht existieren.

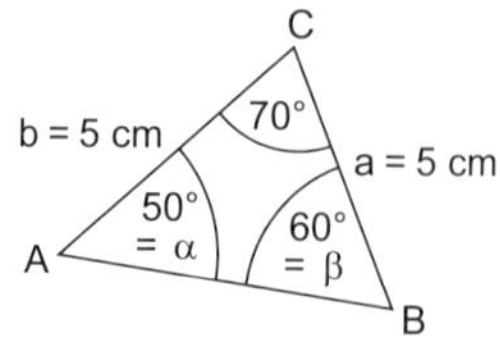

4. Zunächst ist die Dachlänge **ohne** den Überstand zu berechnen. Verschiebt man die Breite der Raststation $b = 8$ m um 4 m nach oben, entsteht ein rechtwinkliges Dreieck (siehe Skizze) mit den Seitenlängen $a = 10\text{ m} - 4\text{ m} = 6$ m und $b = 8$ m. Die Hypotenuse c dieses Dreiecks entspricht der Dachlänge **ohne** Überstand und kann mit dem Satz von Pythagoras berechnet werden. Anschließend muss der Überstand zweimal zu c addiert werden.

Seitenlängen im rechtwinkligen Dreieck:
$a = 10\text{ m} - 4\text{ m} = 6\text{ m}$
$b = 8\text{ m}$

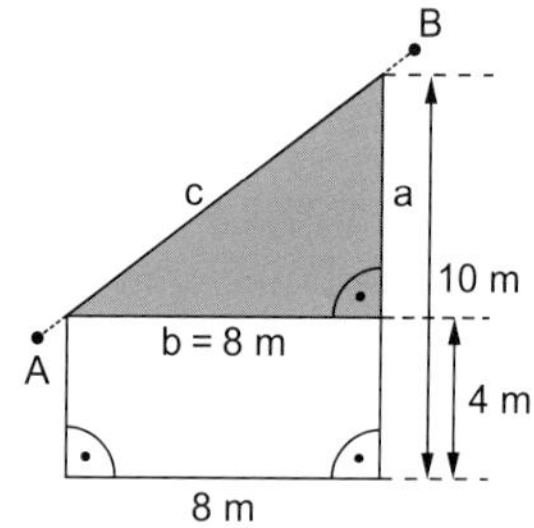

Berechnung der Dachlänge c ohne Überstand mit dem Satz von Pythagoras:

$$a^2 + b^2 = c^2$$
$$(6\text{ m})^2 + (8\text{ m})^2 = c^2$$
$$36\text{ m}^2 + 64\text{ m}^2 = c^2$$
$$100\text{ m}^2 = c^2 \quad |\sqrt{}$$
$$c = 10\text{ m}$$

Berechnung der Dachlänge $|\overline{AB}|$:
$$|\overline{AB}| = c + 2 \cdot 75\text{ cm} = 10\text{ m} + 2 \cdot 0{,}75\text{ m} = 10\text{ m} + 1{,}5\text{ m} = \underline{\underline{11{,}50\text{ m}}}$$

Die Dachlänge beträgt 11,50 m.

5. Die allgemeine Geradengleichung ist $y = mx + t$ mit Steigung m und y-Achsenabschnitt t. Die Gerade f schneidet die y-Achse in einer Höhe von $t = +4$. Daher kommen die Lösungen B und D nicht infrage (hier ist jeweils $t = -4$).
Da es sich bei f um eine fallende Gerade handelt, muss die Steigung m negativ sein. Da zur Lösung A eine steigende Gerade gehört ($m = \frac{1}{2}$ ist positiv), entfällt auch diese Lösung.

Lösung: **C**

1.1 Der Einbrecher hat für jede Stelle des dreistelligen Codes 10 Möglichkeiten (die Zahlen von 0 bis 9). Das Zufallsexperiment entsprich also „Ziehen mit Zurücklegen“ und die Wahrscheinlichkeit, dic richtige Ziffer einzutippen, liegt bei jeder Stclle bei $\frac{1}{10}$.

Um die Wahrscheinlichkeit zu berechnen, dass der Einbrecher den Code beim 1. Versuch knackt, werden die Wahrscheinlichkeiten entlang des Pfades multipliziert (Pfadregel).

Ausgefülltes Baumdiagramm:

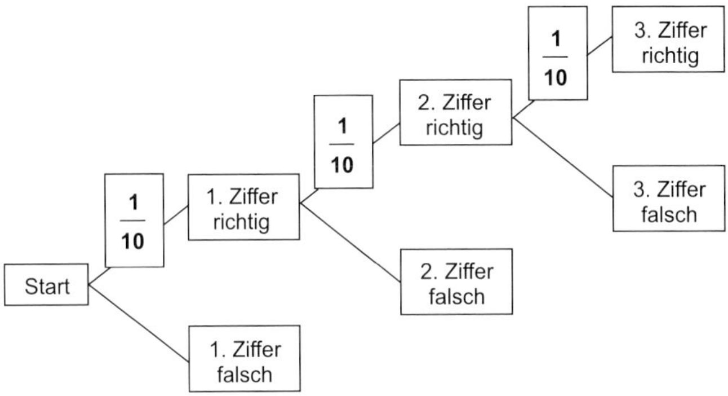

Wahrscheinlichkeit, den Code beim 1. Versuch zu knacken:

$$P(\text{beim 1. Versuch geknackt}) = \frac{1}{10} \cdot \frac{1}{10} \cdot \frac{1}{10} = \frac{1}{1.000} = \frac{1}{10^3}$$

Lösung: **C**

1.2 Gesucht ist, wie viele Döner an den dargestellten Tagen durchschnittlich verkauft werden, also das arithmetische Mittel der Verkaufszahlen. Für die Berechnung müssen zunächst die Verkaufszahlen der einzelnen Tage aus dem Diagramm abgelesen und addiert werden. Anschließend wird diese Summe durch die Anzahl der Werte (5) geteilt.

Berechnung des arithmetischen Mittels:

$$\overline{x} = \frac{70 + 55 + 30 + 10 + 25}{5} = \frac{190}{5} = 38$$

Es werden durchschnittlich 38 Döner pro Tag verkauft.

2.1 Um beurteilen zu können, ob Frau Böck zu viel bezahlt hat, muss zunächst berechnet werden, wie viel Kaffee sie eingefüllt bekommt. Das Volumen des Zylinders berechnet man mit der Formel $V = r^2 \cdot \pi \cdot h$. Da der Becher bis 2 cm unter den Rand gefüllt wird, ergibt sich eine Einfüllhöhe von $h = 12\text{ cm} - 2\text{ cm} = 10\text{ cm}$. Der Radius beträgt $r = 4$ cm. Beachte: $1\text{ cm}^3 = 1\ m\ell$

Maße des zylinderförmigen Becherinhalts:

$$d = 8{,}00\text{ cm} \quad \Rightarrow \quad r = \frac{d}{2} = \frac{8{,}00\text{ cm}}{2} = 4\text{ cm}$$

$$h = 12\text{ cm} - 2\text{ cm} = 10\text{ cm}$$

Berechnung des Volumens des zylinderförmigen Becherinhalts:

$$V_{\text{Zylinder}} = r^2 \cdot \pi \cdot h$$

$$V_{\text{Zylinder}} = (4\text{ cm})^2 \cdot 3 \cdot 10\text{ cm}$$

$$V_{\text{Zylinder}} = 16 \cdot 3 \cdot 10\text{ cm}^3$$

$$V_{\text{Zylinder}} = 48 \cdot 10\text{ cm}^3$$

$$V_{\text{Zylinder}} = 480\text{ cm}^3$$

$$V_{\text{Zylinder}} = 480\ m\ell$$

Frau Böck hat zu viel bezahlt, weil sie für 500 $m\ell$ Kaffee bezahlt und nur 480 $m\ell$ erhält.

2.2 Mithilfe des 2. Strahlensatzes kann zunächst die Länge der Strecke x berechnet werden. Um die Gesamthöhe zu erhalten, muss man Manuelas Körpergröße zur Höhe x addieren.

Berechnung von x mit dem Strahlensatz:

$$\frac{x}{2\text{ m}} = \frac{20\text{ m}}{4\text{ m}} \qquad \Big| \cdot 2\text{ m}$$

$$x = \frac{20\text{ m} \cdot 2\text{ m}}{4\text{ m}}$$

$$x = \frac{20\text{ m}}{2}$$

$$x = 10\text{ m}$$

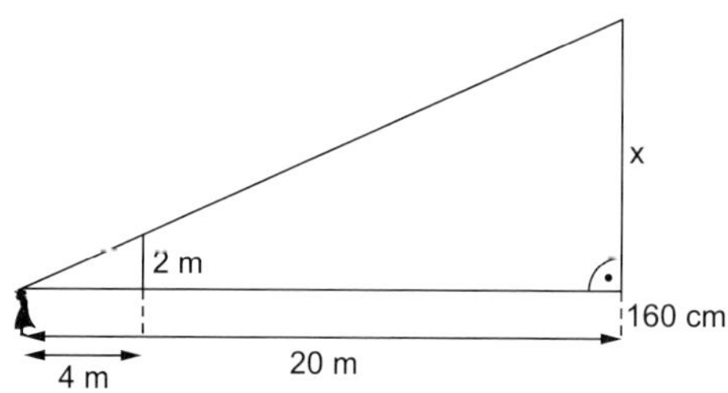

Berechnung der Höhe des Aussichtsturms:

$$h = x + 160\text{ cm} = 10\text{ m} + 1{,}60\text{ m} = \underline{\underline{11{,}60\text{ m}}}$$

Der Aussichtsturm ist 11,60 m hoch.

3.1 Da Herr Böck sein Konto nur wenige Tage (60) überzogen hat, muss er keine Zinseszinsen zahlen und daher kommt zur Lösung der Aufgabe die Zinseszinsformel nicht infrage. Stattdessen wird mit der einfachen Zinsformel gerechnet. Gesucht ist das Kapital. Wichtig ist, dass man bei dieser Aufgabe nach dem Einsetzen konsequent kürzt, damit man mit „kleinen" Zahlen ohne Taschenrechner leichter rechnen kann.

Gegeben: t = 60 (Tage); Z = 10,00 €; p % = 10 %

Gesucht: K

Berechnung des Kapitals:

$$Z = \frac{K \cdot p \cdot t}{100 \cdot 360}$$

$$10{,}00\ € = \frac{K \cdot \cancel{10}^{1} \cdot \cancel{60}^{1}}{_{10}\cancel{100} \cdot \cancel{360}_{6}} \quad |\text{kürzen}$$

$$10\ € = \frac{K}{10 \cdot 6} \quad | \cdot 10 \cdot 6$$

$$\underline{\underline{K = 600\ €}}$$

Das Konto von Herrn Böck ist mit 600 € überzogen.

3.2 Der Rabatt von p % = 30 % entspricht einer Höhe von P = 36,60 €. Der Preis ohne Nachlass (= Grundwert) wird mit dem Dreisatz oder der Lösungsformel berechnet.

Berechnung des Preises ohne Nachlass:

1. Möglichkeit: Dreisatz

$$\begin{array}{lrcll} :3 & 30\ \% & \hat{=} & 36{,}60\ € & :3 \\ \cdot 10 & 10\ \% & \hat{=} & 12{,}20\ € & \cdot 10 \\ & 100\ \% & \hat{=} & \underline{\underline{122{,}00\ €}} & \end{array}$$

2. Möglichkeit: Lösungsformel

Gegeben: P = 36,60 €; p % = 30 %

Gesucht: G

$$G = \frac{P \cdot 100}{p} = \frac{36{,}60\ € \cdot 100}{30} = \underline{\underline{122{,}00\ €}}$$

Ohne Nachlass haben die drei Bekleidungsteile 122,00 € gekostet.

Lösung – Aufgabenteil B

Aufgabe 1 – Finanzmathematik

1.1 Die MM5 GmbH möchte ihr Vermögen von 2,4 Mio. € so lange auf Zinseszinsen anlegen, bis es auf 2,7 Mio. € angewachsen ist. Mit der Zinseszinsformel und der Anwendung eines Logarithmusgesetzes kann die gesuchte Laufzeit n berechnet werden. Da die Zinszahlung am Jahresende stattfindet, muss der errechnete Wert auf volle Jahre gerundet werden.

Gegeben: $K_0 = 2.400.000{,}00$ €; $K_n = 2.700.000{,}00$ €; $p\,\% = 1{,}80\,\%$ $\Rightarrow$ $q = 1{,}018$

Gesucht: n

Berechnung der Anzahl n der Jahre:

$$K_n = K_0 \cdot q^n$$

$$2.700.000\text{ €} = 2.400.000\text{ €} \cdot 1{,}018^n \quad \big|: 2.400.000\text{ €}$$

$$1{,}125 = 1{,}018^n \quad \big|\log$$

$$\log 1{,}125 = n \cdot \log 1{,}018 \quad \big|: \log 1{,}018$$

$$n = \frac{\log 1{,}125}{\log 1{,}018}$$

$$n = 6{,}6$$

Die MM5 GmbH muss ihr derzeitiges Eigenkapital für 7 volle Jahre anlegen.

1.2 Dem Beleg kann man entnehmen, dass 750 € (Kapital K) für einen Monat (t = 30 Tage) angelegt und dafür Z = 1,25 € Zinsen gezahlt wurden. Die gegebenen Werte werden in die Zinsformel eingesetzt und diese dann nach dem gesuchten Prozentsatz aufgelöst.

Gegeben: K = 750 €; Z = 1,25 €; t = 30

Gesucht: p %

Berechnung des Zinssatzes p %:

$$Z = \frac{K \cdot p \cdot t}{100 \cdot 360}$$

$$1{,}25\text{ €} = \frac{750\text{ €} \cdot p \cdot 30}{100 \cdot 360} \quad \big|\cdot 100 \cdot 360$$

$$45.000\text{ €} = 22.500\text{ €} \cdot p \quad \big|: 22.500\text{ €}$$

$$p = 2$$

$$\Rightarrow \quad p\,\% = 2\,\%$$

Die Bank gewährt Herrn Marx einen Zinssatz in Höhe von 2 %.

1.3 Zum Füllen der Lücken in den Tilgungsplänen müssen die Werte einzeln berechnet werden. Dann ist zu entscheiden, ob es sich um eine Raten- oder um eine Annuitätentilgung handelt:
Sind die Annuitäten in beiden Jahren gleich, handelt es sich um eine Annuitätentilgung.
Sind die Annuitäten in beiden Jahren unterschiedlich, handelt es sich um eine Ratentilgung.
Sind die Tilgungsraten in beiden Jahren gleich, ist es eine Ratentilgung.
Sind die Tilgungsraten in beiden Jahren unterschiedlich, ist es eine Annuitätentilgung.

Angebot 1:

Zunächst sind die Zinsen im 1. Jahr zu berechnen. Dann ergibt sich die Annuität als Summe aus Zins und Tilgung. Die Schuld zu Beginn des 2. Jahres entspricht der Schuld am Ende des 1. Jahres. Diese erhält man, wenn man von der Schuld am Jahresanfang die 1. Tilgung abzieht. Da die Annuitäten der beiden Jahre unterschiedlich groß sind, kann es sich nur um eine Ratentilgung handeln. Damit sind die Tilgungsraten in beiden Jahren gleich groß. Hat man dies nicht erkannt, kann man die Tilgungsrate im 2. Jahr auch berechnen, indem man von der Annuität die Zinsen abzieht.

Gegeben: $K_0 = 35.000{,}00\ €$; $T_1 = 5.000{,}00\ €$; $Z_2 = 600{,}00\ €$; $A_2 = 5.600{,}00\ €$; $p\ \% = 2\ \%$

Gesucht: Z_1; A_1; S_1; T_2

Berechnung der Zinsen Z_1 im 1. Jahr:

$$Z_1 = \frac{K_0 \cdot p}{100} = \frac{35.000\ € \cdot 2}{100} = 700\ €$$

Berechnung der Annuität A_1 im 1. Jahr:

$A_1 = Z_1 + T_1 = 700\ € + 5.000\ € = 5.700\ €$

Berechnung der Restschuld S_1 am Ende des 1. Jahres:

$S_1 = K_0 - T_1 = 35.000\ € - 5.000\ € = 30.000\ €$

Berechnung der Tilgung T_2 im 2. Jahr:

$T_2 = T_1 = 5.000\ €$ (Ratentilgung)

oder

$T_2 = A_2 - Z_2 = 5.600\ € - 600\ € = 5.000\ €$

Tilgungsverfahren:

Es liegt eine Ratentilgung vor, da die Annuitäten für beide Jahre unterschiedlich sind.

Ausgefüllter Tilgungsplan:

Angebot 1	Tilgungsverfahren: **Ratentilgung**

Jahr	Restschuld	Zinsen	Tilgung	Annuität
1	35.000,00 €	**700,00 €**	5.000,00 €	**5.700,00 €**
2	**30.000,00 €**	600,00 €	**5.000,00 €**	5.600,00 €

Angebot 2:

Zunächst erhält man die Tilgung im 1. Jahr, wenn man von der Schuld am Jahresanfang die Schuld am Ende des 1. Jahres abzieht. Dann ergibt sich die Annuität als Summe aus Zins und Tilgung. Die Zinsen im 2. Jahr berechnet man aus der Schuld zu Beginn des 2. Jahres. Da die Tilgungsraten der beiden Jahre unterschiedlich groß sind, kann es sich nur um eine Annuitätentilgung handeln. Damit sind die Annuitäten in beiden Jahren gleich groß. Hat man dies nicht erkannt, kann man die Annuität im 2. Jahr auch berechnen, indem man die Zinsen und die Tilgung im 2. Jahr addiert.

Gegeben: $K_0 = 35.000{,}00\ €$; $Z_1 = 700{,}00\ €$; $S_1 = 30.292{,}08\ €$; $T_2 = 4.802{,}08\ €$; $p\ \% = 2\ \%$

Gesucht: T_1; A_1; Z_2; A_2

Berechnung der Tilgung T_1 im 1. Jahr:

$T_1 = K_0 - S_1 = 35.000\text{ €} - 30.292,08\text{ €} = 4.707,92\text{ €}$

Berechnung der Annuität A_1 im 1. Jahr:

$A_1 = Z_1 + T_1 = 700\text{ €} + 4.707,92\text{ €} = 5.407,92\text{ €}$

Berechnung der Zinsen Z_2 im 2. Jahr:

$$Z_2 = \frac{S_1 \cdot p}{100} = \frac{30.292,08\text{ €} \cdot 2}{100} = 605,84\text{ €}$$

Berechnung der Annuität A_2 im 2. Jahr:

$A_2 = A_1 = 5.407,92\text{ €}$ (Annuitätentilgung)

oder

$A_2 = Z_2 + T_2 = 605,84\text{ €} + 4.802,08\text{ €} = 5.407,92\text{ €}$

Tilgungsverfahren:

Es liegt eine Annuitätentilgung vor, da die Tilgungen für beide Jahre unterschiedlich sind.

Ausgefüllter Tilgungsplan:

Angebot 2	Tilgungsverfahren: **Annuitätentilgung**

Jahr	Restschuld	Zinsen	Tilgung	Annuität
1	35.000,00 €	700,00 €	**4.707,92 €**	**5.407,92 €**
2	30.292,08 €	**605,84 €**	4.802,08 €	**5.407,92 €**

1.4 Da die Annuität gleich bleibt, wurde eine Annuitätentilgung vereinbart. Um die Höhe der Sondertilgung zu ermitteln, muss die Restschuld nach 5 Jahren berechnet werden. Diese wird mit der Restschuldformel für eine nachschüssige Annuitätentilgung berechnet.

Gegeben: $K_0 = 35.000\text{ €}$; $A = 5.407,92\text{ €}$; $v = 5$; $p\,\% = 2\,\% \Rightarrow q = 1,02$

Gesucht: K_5

Berechnung der Höhe der Restschuld nach 5 Jahren:

$$K_v = K_0 \cdot q^v - \frac{A \cdot (q^v - 1)}{q - 1}$$

$$K_5 = 35.000\text{ €} \cdot 1,02^5 - \frac{5.407,92\text{ €} \cdot (1,02^5 - 1)}{1,02 - 1}$$

$$K_5 = 10.499,80\text{ €}$$

Die Sondertilgung nach 5 Jahren beträgt 10.499,80 €.

1.5 Die MM5 GmbH hat 50.000 € auf einem Konto zu einem Zinssatz von 2,50 % angelegt und spart jedes Jahr vorschüssig (zu Beginn des Jahres) 16.000 € (Rate). Es handelt sich also um eine Kapitalmehrung. Gesucht ist die Laufzeit n bis zum Erreichen des Sparziels von 120.000 €. Diese wird mit der Formel für die kombinierte Zinseszins-/Rentenzahlung mit Kapitalmehrung berechnet und muss bis zur Zinszahlung am Jahresende aufgerundet werden.

Gegeben: $K_0 = 50.000$ €; $K_n^{'} = 120.000$ €; $r = 16.000$ € (vorschüssig)

$p\,\% = 2{,}50\,\% \;\Rightarrow\; q = 1{,}025$

Gesucht: n

Berechnung der Anzahl n der Jahre:

$$K_n^{'} = K_0 \cdot q^n + r \cdot q \cdot \frac{q^n - 1}{q - 1}$$

$$120.000\,€ = 50.000\,€ \cdot 1{,}025^n + 16.000\,€ \cdot 1{,}025 \cdot \frac{1{,}025^n - 1}{1{,}025 - 1}$$

$$120.000\,€ = 50.000\,€ \cdot 1{,}025^n + 16.400\,€ \cdot \frac{1{,}025^n - 1}{0{,}025} \qquad | \cdot 0{,}025$$

$$3.000\,€ = 1.250\,€ \cdot 1{,}025^n + 16.400\,€ \cdot (1{,}025^n - 1)$$

Substitution: $x = 1{,}025^n$

$$3.000\,€ = 1.250\,€ \cdot x + 16.400\,€ \cdot (x - 1)$$

$$3.000\,€ = 1.250\,€ \cdot x + 16.400\,€ \cdot x - 16.400\,€ \qquad | + 16.400\,€$$

$$19.400\,€ = 17.650\,€ \cdot x \qquad | : 17.650\,€$$

$$x = 1{,}09915$$

Rück-Substitution: $1{,}09915 = 1{,}025^n$

$$1{,}025^n = 1{,}09915 \qquad | \log$$

$$n \cdot \log 1{,}025 = \log 1{,}09915 \qquad | : \log 1{,}025$$

$$n = \frac{\log 1{,}09915}{\log 1{,}025}$$

$$n = 3{,}83$$

Die MM5 GmbH kann frühestens nach 4 Jahren mit der Umsetzung beginnen.

Alternative Berechnung von n ohne die Substitution:

$$K_n^{'} = K_0 \cdot q^n + r \cdot q \cdot \frac{q^n - 1}{q - 1}$$

$$120.000\,€ = 50.000\,€ \cdot 1{,}025^n + 16.000\,€ \cdot 1{,}025 \cdot \frac{1{,}025^n - 1}{1{,}025 - 1} \qquad | \cdot 0{,}025$$

$$3.000\,€ = 1.250\,€ \cdot 1{,}025^n + 16.400\,€ \cdot (1{,}025^n - 1)$$

$$3.000\,€ = 1.250\,€ \cdot 1{,}025^n + 16.400\,€ \cdot 1{,}025^n - 16.400\,€ \qquad | + 16.400\,€$$

$$19.400\,€ = 17.650\,€ \cdot 1{,}025^n \qquad | : 17.650\,€$$

$$1{,}09915 = 1{,}025^n \qquad | \log$$

$$\log 1{,}09915 = n \cdot \log 1{,}025 \qquad | : \log 1{,}025$$

$$n = \frac{\log 1{,}09915}{\log 1{,}025}$$

$$n = 3{,}83$$

Die MM5 GmbH kann frühestens nach 4 Jahren mit der Umsetzung beginnen.

Aufgabe 2 – Funktionaler Zusammenhang

2.1 Da die Rampe g geradlinig verläuft, lässt sie sich durch eine lineare Funktion beschreiben, deren Graph (Gerade) durch die Punkte A und B verläuft. Die Steigung der linearen Funktion g wird mithilfe der Steigungsformel (Merkhilfe Nr. 6) berechnet.

Gegeben: $A(-0{,}5 \mid 1{,}7) = A(x_1 \mid y_1)$; $B(0{,}5 \mid 1{,}9) = B(x_2 \mid y_2)$

Berechnung der Steigung m:

$$m = \frac{y_2 - y_1}{x_2 - x_1} = \frac{1{,}9 - 1{,}7}{0{,}5 - (-0{,}5)} = \frac{0{,}2}{1} = \underline{\underline{0{,}2}}$$

2.2 Von der Parabel p ist bekannt, dass sie durch die Punkte $D(3 \mid 2)$ und $E(4 \mid 1{,}25)$ verläuft und der Formfaktor $a = -0{,}25$ ist. Die beiden Punkte sowie der Formfaktor a werden in die Normalform einer quadratischen Funktion $y = ax^2 + bx + c$ eingesetzt. So erhält man ein Gleichungssystem aus zwei Gleichungen mit den zwei Unbekannten b und c.

Rechenschritte	**Erläuterungen**
$y = ax^2 + bx + c$	Einsetzen von $D(3 \mid 2)$, $E(4 \mid 1{,}25)$ und $a = -0{,}25$ liefert zwei Gleichungen mit zwei Unbekannten
I $\quad 2 = -0{,}25 \cdot 3^2 + b \cdot 3 + c$	$D(3 \mid 2)$ und $a = -0{,}25$ eingesetzt
II $\quad 1{,}25 = -0{,}25 \cdot 4^2 + b \cdot 4 + c$	$E(4 \mid 1{,}25)$ und $a = -0{,}25$ eingesetzt
I $\quad 2 = -2{,}25 + 3b + c$ II $\quad 1{,}25 = -4 + 4b + c$	Gleichungen zusammengefasst
Berechnung von b:	
I – II $\quad 0{,}75 = 1{,}75 - b \quad \mid -1{,}75$	Additionsverfahren: Gleichung I – Gleichung II
$-1 = -b \quad \mid \cdot(-1)$ $b = 1$	Auflösen nach b
Berechnung von c:	
b in II $\quad 1{,}25 = -4 + 4 \cdot 1 + c$ $c = 1{,}25$	Einsetzen von b in Gleichung II (oder I) und Auflösen nach c
Funktionsgleichung von p:	
$\underline{\underline{y = -0{,}25x^2 + x + 1{,}25}}$	Einsetzen von a, b und c in die Normalform

2.3 Der Absprungpunkt C ist der Schnittpunkt der linearen Funktion (Rampe g: $y = 0{,}2x + 1{,}8$) und der quadratischen Funktion (Flugbahn p: $y = -0{,}25x^2 + x + 1{,}25$). Um diesen zu berechnen, müssen zunächst die beiden Funktionsterme gleichgesetzt werden. Die entstehende quadratische Gleichung wird mit der Lösungsformel (Merkhilfe Nr. 7) gelöst.

Gleichsetzen der Funktionsterme:

$$-0{,}25x^2 + x + 1{,}25 = 0{,}2x + 1{,}8 \quad \mid -0{,}2x - 1{,}8$$
$$-0{,}25x^2 + 0{,}8x - 0{,}55 = 0$$

Berechnung der x-Koordinate des Schnittpunktes:
Es gilt: $a = -0{,}25$; $b = 0{,}8$; $c = -0{,}55$

Lösungsformel:

$$x_{1/2} = \frac{-b \pm \sqrt{b^2 - 4ac}}{2a}$$

$$x_{1/2} = \frac{-0{,}8 \pm \sqrt{0{,}8^2 - 4 \cdot (-0{,}25) \cdot (-0{,}55)}}{2 \cdot (-0{,}25)}$$

$$x_{1/2} = \frac{-0{,}8 \pm \sqrt{0{,}09}}{-0{,}5}$$

$$x_{1/2} = \frac{-0{,}8 \pm 0{,}3}{-0{,}5}$$

$x_1 = 1$; ($x_2 = 2{,}2$ ist nicht relevant, weil C der 1. Schnittpunkt von g und p ist.)

Berechnung der y-Koordinate des Schnittpunktes:
Einsetzen von $x = 1$ in g: $y = 0{,}2x + 1{,}8$ liefert:
$y = 0{,}2 \cdot 1 + 1{,}8 = 2$

Die Koordinaten des Absprungpunktes lauten $\underline{\underline{C(1\,|\,2)}}$.

2.4 Die maximale Höhe erreicht Michael im Scheitelpunkt seiner Flugparabel p. Seine maximale Höhe entspricht der y-Koordinate des Scheitelpunktes von p: $y = -0{,}25x^2 + x + 1{,}25$.

Gegeben: $a = -0{,}25$; $b = 1$; $c = 1{,}25$

Scheitelpunktformel:

$$y_S = c - \frac{b^2}{4a} = 1{,}25 - \frac{1^2}{4 \cdot (-0{,}25)} = 1{,}25 - \frac{1}{-1} = 1{,}25 + 1 = 2{,}25$$

Die maximale Höhe, die Michael erreicht, beträgt $\underline{\underline{2{,}25\text{ m}}}$.

2.5 An der Stelle, an der Michael landet, ist seine Höhe $y = 0$. Gesucht ist also die (rechte) Nullstelle seiner Flugparabel. Diese wird mithilfe der Lösungsformel berechnet. Um zu zeigen, dass er auf der Straße landen, wird der berechnete Wert mit $x = 4{,}75$ verglichen.

Berechnung der Nullstelle:
$0 = -0{,}25x^2 + x + 1{,}25 \;\Rightarrow\;$ Es gilt: $a = -0{,}25$; $b = 1$; $c = 1{,}25$

Lösungsformel:

$$x_{1/2} = \frac{-b \pm \sqrt{b^2 - 4ac}}{2a}$$

$$x_{1/2} = \frac{-1 \pm \sqrt{1^2 - 4 \cdot (-0{,}25) \cdot 1{,}25}}{2 \cdot (-0{,}25)}$$

$$x_{1/2} = \frac{-1 \pm \sqrt{2{,}25}}{-0{,}5}$$

$$x_{1/2} = \frac{-1 \pm 1{,}5}{-0{,}5}$$

($x_1 = -1$;) $x_2 = 5$

Wegen $5\text{ m} > 4{,}75\text{ m}$ landet Michael mit seinem Sprung auf der Straße.

Alternative Lösungsmöglichkeit:

Es wird geprüft, in welcher Höhe sich Michael an der Stelle x = 4,75 befindet. Dazu setzt man x = 4,75 in die Funktionsgleichung p: $y = -0{,}25x^2 + x + 1{,}25$ ein und berechnet y.

Einsetzen von x = 4,75 in p: $y = -0{,}25x^2 + x + 1{,}25$ liefert:

$y = -0{,}25 \cdot 4{,}75^2 + 4{,}75 + 1{,}25 = 0{,}36$

An der Stelle x = 4,75 m, an der die Straße beginnt, befindet sich Michael in einer Höhe von 0,36 m. Da er noch weiterfliegt, ist anzunehmen, dass er auf der Straße landet.

Aufgabe 3 – Trigonometrie

3.1 Die Seillänge der Flying-Fox-Anlage für Fortgeschrittene ist mit $|\overline{SZ}| = 600$ m bekannt. Die Seillänge der Flying-Fox-Anlage für Anfänger $|\overline{BZ}|$ muss berechnet werden. Da im allgemeinen Dreieck SBZ zwei Winkel und eine Seite bekannt sind, wird $|\overline{BZ}|$ mit dem Sinussatz berechnet. Die Gesamtlänge der Seile ist dann die Summe aus $|\overline{SZ}|$ und $|\overline{BZ}|$.

Berechnung von $|\overline{BZ}|$ mit dem Sinussatz im allgemeinen Dreieck SBZ:

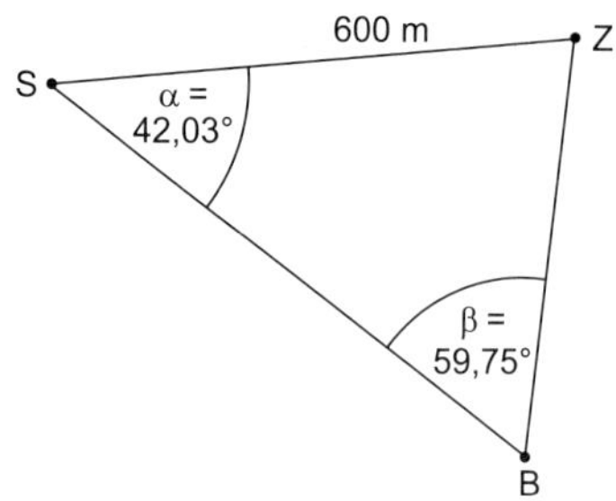

$$\frac{|\overline{BZ}|}{\sin\alpha} = \frac{|\overline{SZ}|}{\sin\beta}$$

$$\frac{|\overline{BZ}|}{\sin 42{,}03°} = \frac{600\text{ m}}{\sin 59{,}75°} \qquad |\cdot \sin 42{,}03°$$

$$|\overline{BZ}| = \frac{600\text{ m} \cdot \sin 42{,}03°}{\sin 59{,}75°}$$

$$|\overline{BZ}| = 465{,}03\text{ m}$$

Berechnung der Gesamtlänge der Seile:

$|\overline{SZ}| + |\overline{BZ}| = 600\text{ m} + 465{,}03\text{ m} = \underline{\underline{1.065{,}03\text{ m}}}$

3.2 Der Öffnungswinkel $\varepsilon = \sphericalangle BSH$ setzt sich aus dem bekannten Winkel $\alpha = 42{,}03°$ und dem Winkel $\varepsilon_1 = \sphericalangle ZSH$ zusammen. Dieser muss zunächst berechnet werden. Da im Dreieck SZH alle drei Seiten bekannt sind, kann ε_1 mit dem Kosinussatz berechnet werden. Um zu prüfen, ob $\varepsilon < 60°$ eingehalten wird, müssen dann noch α und ε_1 addiert werden.

Berechnung von $\varepsilon_1 = \sphericalangle ZSH$ im allgemeinen Dreieck SZH mit dem Kosinussatz:

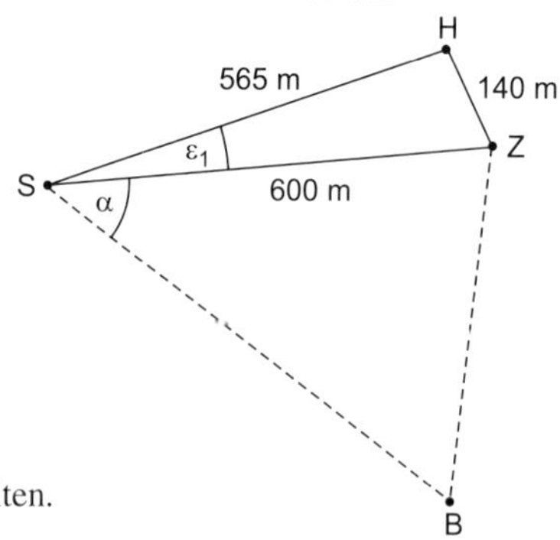

$$\cos\varepsilon_1 = \frac{|\overline{SZ}|^2 + |\overline{HS}|^2 - |\overline{HZ}|^2}{2 \cdot |\overline{SZ}| \cdot |\overline{HS}|}$$

$$\cos\varepsilon_1 = \frac{(600\text{ m})^2 + (565\text{ m})^2 - (140\text{ m})^2}{2 \cdot 600\text{ m} \cdot 565\text{ m}}$$

$$\cos\varepsilon_1 = 0{,}97289\ldots$$

$$\varepsilon_1 = 13{,}37°$$

Berechnung von ε:

$\varepsilon = \alpha + \varepsilon_1 = 42{,}03° + 13{,}37° = 55{,}4°$

Wegen $\varepsilon = 55{,}4° < 60°$ wird die Bedingung eingehalten.

3.3 Gesucht ist die Fläche des Dreiecks FEZ. Da es sich um ein allgemeines Dreieck handelt, wird die Fläche mit dem Flächensatz für Dreiecke (Merkhilfe Nr. 20) berechnet. Es sind bereits zwei Seiten bekannt ($|\overline{FZ}|$ und $|\overline{EZ}|$), daher muss nur noch der Winkel $\gamma = \sphericalangle FZE$, den diese Seiten einschließen, berechnet werden. Dies geschicht über die Innenwinkelsumme im Dreieck SBZ (180°).

Berechnung von $\gamma = \sphericalangle FZE$:
Die Innenwinkelsumme im Dreieck SBZ beträgt 180°.
$\gamma = 180° - \alpha - \beta = 180° - 42{,}03° - 59{,}75° = 78{,}22°$

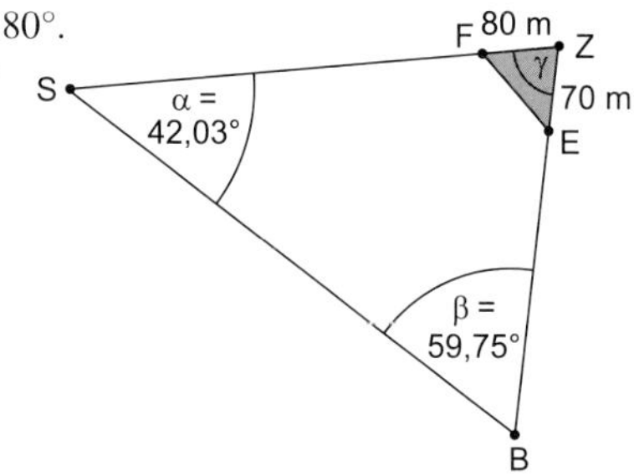

Berechnung von A_{FEZ}:

$$A_{FEZ} = \frac{1}{2} \cdot |\overline{FZ}| \cdot |\overline{EZ}| \cdot \sin\gamma$$

$$A_{FEZ} = \frac{1}{2} \cdot 80\ \text{m} \cdot 70\ \text{m} \cdot \sin 78{,}22°$$

$$\underline{\underline{A_{FEZ} = 2.741{,}03\ \text{m}^2}}$$

3.4 Gesucht ist mit der Länge von $\overline{AW}$ eine Kathete des rechtwinkligen Dreiecks WZA. Die zweite Kathete ist mit $|\overline{WZ}| = 400$ m gegeben. Die Hypotenuse ergibt sich als Differenz von $\overline{SZ}$ und $\overline{AS}$. Die fehlende Kathete wird dann mit dem Satz von Pythagoras berechnet.

Berechnung von $|\overline{AZ}|$:
$|\overline{AZ}| = |\overline{SZ}| - |\overline{SA}| = 600\ \text{m} - 195{,}50\ \text{m} = 404{,}50\ \text{m}$

Berechnung von $|\overline{AW}|$ im rechtwinkligen Dreieck WZA mit dem Satz von Pythagoras:

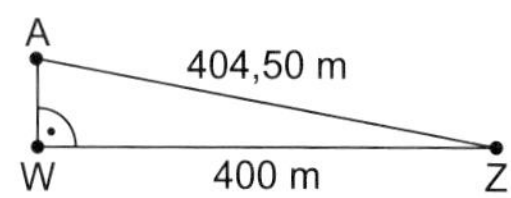

$$|\overline{AZ}|^2 = |\overline{AW}|^2 + |\overline{WZ}|^2$$

$$(404{,}50\ \text{m})^2 = |\overline{AW}|^2 + (400\ \text{m})^2 \qquad | -(400\ \text{m})^2$$

$$|\overline{AW}|^2 = (404{,}50\ \text{m})^2 - (400\ \text{m})^2 \qquad | \sqrt{}$$

$$|\overline{AW}| = \sqrt{(404{,}50\ \text{m})^2 - (400\ \text{m})^2}$$

$$|\overline{AW}| = \sqrt{3.620{,}25\ \text{m}^2}$$

$$|\overline{AW}| = 60{,}17\ \text{m}$$

Wegen $60{,}17\ \text{m} > 58{,}80\ \text{m}$ wird der Weltrekord gebrochen.

3.5 Das Gefälle in % ergibt sich aus dem Tangens des Steigungswinkels δ mit der Formel:
Gefälle in % = $\tan\delta \cdot 100\ \%$

Berechnung des Gefälles in %:

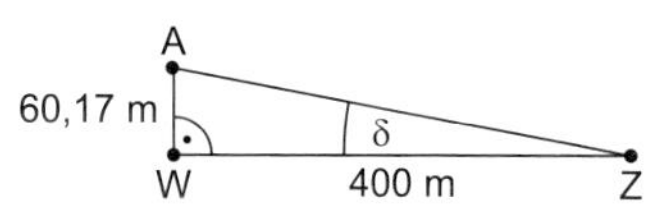

Gefälle in % = $\tan\delta \cdot 100\ \%$

Gefälle in % = $\dfrac{|\overline{AW}|}{|\overline{WZ}|} \cdot 100\ \%$

Gefälle in % = $\dfrac{60{,}17\ \text{m}}{400\ \text{m}} \cdot 100\ \%$

Gefälle in % = $15{,}04\ \%$

Wegen $15{,}04\ \% < 16\ \%$ wird die Vorgabe eingehalten.

Aufgabe 4 – Daten und Zufall

4.1 Die absolute Häufigkeit der Schüler*innen einer 10. Klasse, die **nicht** am Turnier teilnehmen, bekommt man, indem man die Werte in den hellen Säulen der 10. Klassen addiert:

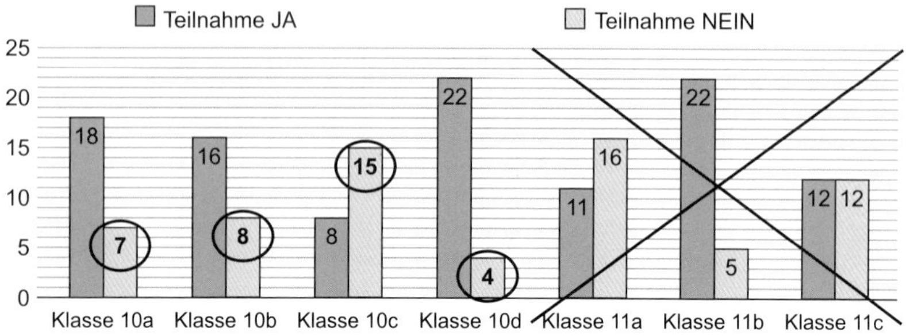

$H(E_1) = 7 + 8 + 15 + 4 = \underline{\underline{34 \text{ Schüler*innen}}}$

4.2 Bei der relativen Häufigkeit wird die absolute Häufigkeit ins Verhältnis zur Grundgesamtheit gesetzt. In diesem Fall wird die absolute Häufigkeit der Schüler*innen der 11. Klasse, die am Turnier teilnehmen (= Summe der Werte in den dunklen Säulen der 11. Klassen), ins Verhältnis zur Anzahl aller Schüler*innen der 11. Klassen gesetzt.

$$h(E_2) = \frac{11+22+12}{11+16+22+5+12+12} = \frac{45}{78} = \underline{\underline{0{,}5769}} \quad (\text{oder } \underline{\underline{57{,}69\,\%}})$$

4.3 **Berechnung des Medians x_{med}:**

Zunächst werden die Werte der Größe nach geordnet. Da eine gerade Anzahl an Daten vorliegt, ist der Median das arithmetische Mittel der beiden in der Mitte liegenden Werte.

Der Größe nach geordnete Datenmenge (in km):

0,30 0,80 1,20 **1,40** **1,90** 2,30 2,70 21,80

$$x_{med} = \frac{1{,}40+1{,}90}{2}\text{ km} = \underline{\underline{1{,}65 \text{ km}}}$$

Berechnung der Spannweite R:

Die Spannweite ist die Differenz aus größtem und kleinstem Wert der Datenmenge.

$$R = x_{max} - x_{min} = 21{,}80 \text{ km} - 0{,}30 \text{ km} = \underline{\underline{21{,}50 \text{ km}}}$$

Berechnung des arithmetischen Mittels $\overline{x}$:

Die einzelnen Werte werden addiert und das Ergebnis durch die Anzahl der Werte geteilt.

$$\overline{x} = \frac{0{,}30+0{,}80+1{,}20+1{,}40+1{,}90+2{,}30+2{,}70+21{,}80}{8}\text{ km} = \frac{32{,}4}{8}\text{ km} = \underline{\underline{4{,}05 \text{ km}}}$$

4.4 Das arithmetische Mittel ist in diesem Fall für einen Vergleich nicht geeignet, da die von Sami zurückgelegte Strecke mit 21,80 km ein Ausreißer ist und das Ergebnis verfälscht. Ohne Sami wäre das arithmetische Mittel nur 1,51 km:

$$\overline{x} = \frac{0{,}30+0{,}80+1{,}20+1{,}40+1{,}90+2{,}30+2{,}70}{7}\text{ km} = \frac{10{,}6}{7}\text{ km} = 1{,}51 \text{ km}$$

4.5 Nach jedem Verzweigungspunkt müssen die Übergangswahrscheinlichkeiten zusammen 1 ergeben. Daher gilt für alle Lücken: $P(E) = 1 - 0,65 - 0,02 = 0,33$

Ergänztes Baumdiagramm:

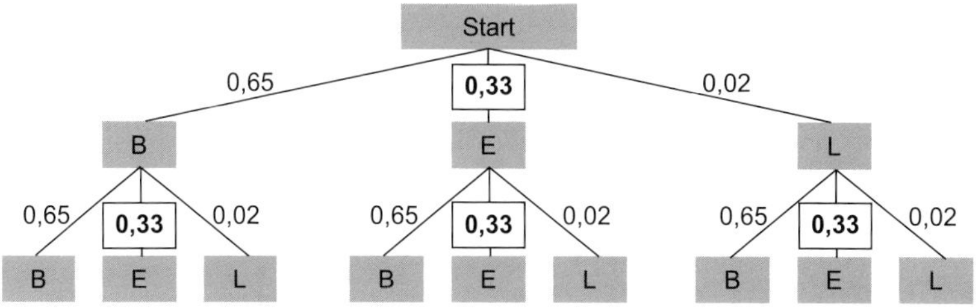

4.6 Um die Wahrscheinlichkeit für das Ereignis E_3: „Die ersten beiden Monster sind Basismonster (B)" zu berechnen, müssen die Übergangswahrscheinlichkeiten entlang des ganz linken Pfades multipliziert werden (1. Pfadregel).

$P(E_3) = P(BB) = 0,65 \cdot 0,65 = 0,4225 = \underline{\underline{42,25\ \%}}$

4.7 „Mindestens ein legendäres Taschenmonster (L)" bedeutet, dass ein legendäres Taschenmonster oder auch zwei legendäre Taschenmonster vorkommen können.
Die günstigen Ergebnisse sind: BL, EL, LB, LE und LL
Wichtig: Zwei legendäre Taschenmonster erfüllen auch die Bedingung „mindestens ein L"!
Die einzelnen Wahrscheinlichkeiten werden mithilfe der Produktregel berechnet und dann aufsummiert:

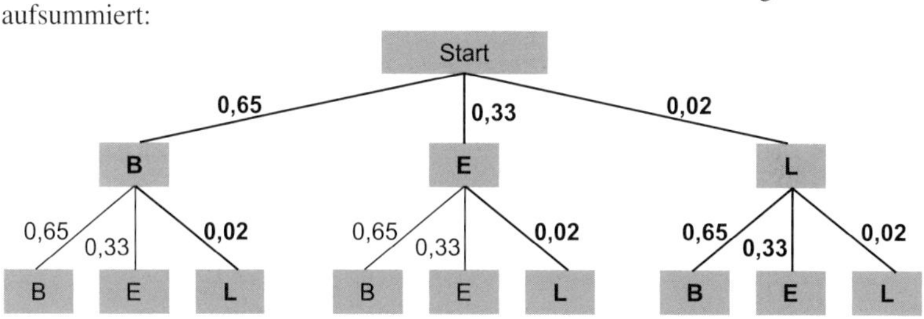

$$\begin{aligned}P(E_4) &= P(BL) + P(EL) + P(LB) + P(LE) + P(LL)\\ &= 0,65 \cdot 0,02 + 0,33 \cdot 0,02 + 0,02 \cdot 0,65 + 0,02 \cdot 0,33 + 0,02 \cdot 0,02\\ &= 0,0396\\ &= \underline{\underline{3,96\ \%}}\end{aligned}$$

4.8 Es ist egal, welche Monster man schon getroffen hat. Die Wahrscheinlichkeit, als nächstes ein legendäres Taschenmonster zu treffen, bleibt für jedes neue Treffen gleich.

Obwohl es sehr unwahrscheinlich ist, viermal hintereinander ein legendäres Taschenmonster zu treffen, besteht diese Möglichkeit. Die Wahrscheinlichkeit dafür beträgt:
$P(LLLL) = 0,02 \cdot 0,02 \cdot 0,02 \cdot 0,02 = 0,00000016 = \underline{\underline{0,000016\ \%}}$

Aufgabe 5 – Raum und Form

5.1 Um die Fläche der zu verputzenden Außenfassade berechnen zu können, muss zunächst die Mantelfläche des Zylinders mit der Formel $M = 2 \cdot r_Z \cdot \pi \cdot h_Z$ berechnet werden. Von diesem Wert (= Grundwert) werden 15 % für Fenster und Türen abgezogen. Die verbleibenden 100 % – 15 % = 85 % der Mantelfläche des Zylinders werden mithilfe von Dreisatz oder Lösungsformel berechnet.

Radius des Zylinders:

$$d_Z = 8\text{ m} \;\Rightarrow\; r_Z = \frac{d_Z}{2} = \frac{8\text{ m}}{2} = 4\text{ m}$$

Berechnung der Mantelfläche des Zylinders:

$$M_{Zylinder} = 2 \cdot r_Z \cdot \pi \cdot h_Z$$

$$M_{Zylinder} = 2 \cdot 4\text{ m} \cdot \pi \cdot 14\text{ m}$$

$$M_{Zylinder} = 351{,}86\text{ m}^2$$

Berechnung der zu verputzenden Fläche:

1. Möglichkeit: Dreisatz

$$\begin{array}{rrcll} :100 & 100\,\% & \hat{=} & 351{,}86\text{ m}^2 & :100 \\ \cdot 85 & 1\,\% & \hat{=} & 3{,}5186\text{ m}^2 & \cdot 85 \\ & 85\,\% & \hat{=} & \underline{\underline{299{,}08\text{ m}^2}} & \end{array}$$

2. Möglichkeit: Lösungsformel

Gegeben: $G = 351{,}86\text{ m}^2$; $p\,\% = 85\,\%$

Gesucht: P

$$P = \frac{G \cdot p}{100} = \frac{351{,}86\text{ m}^2 \cdot 85}{100} = \underline{\underline{299{,}08\text{ m}^2}}$$

Die zu verputzende Fläche beträgt $299{,}08\text{ m}^2$.

5.2 Der Dachüberstand ist die Differenz aus dem Radius des Daches (Kegel) und dem Radius des Hauptgebäudes der Mühle (Zylinder). Der Durchmesser und damit der Radius des Zylinders ist gegeben. Der Radius des Kegels muss berechnet werden. Da das Volumen des Kegels bekannt ist, wird mit der Formel $V = \frac{1}{3} \cdot r^2 \cdot \pi \cdot h$ sein Radius bestimmt.

Berechnung des Radius des Kegels:

$$V_{Kegel} = \frac{1}{3} \cdot r_K{}^2 \cdot \pi \cdot h_K$$

$$66{,}50\text{ m}^3 = \frac{1}{3} \cdot r_K{}^2 \cdot \pi \cdot 3{,}60\text{ m} \quad \Big| \cdot \frac{3}{\pi \cdot 3{,}60\text{ m}}$$

$$r_K{}^2 = 17{,}64\text{ m}^2 \quad \Big| \sqrt{\;}$$

$$r_K = 4{,}20\text{ m}$$

Berechnung des Dachüberstandes:

$$r_K - r_Z = 4{,}20\text{ m} - 0{,}5 \cdot 8\text{ m} = 4{,}20\text{ m} - 4\text{ m} = \underline{\underline{0{,}20\text{ m}}}$$

5.3 Die zu sanierende Dachfläche entspricht der Mantelfläche des Kegels. Um diese mit der Formel $M = r \cdot s \cdot \pi$ berechnen zu können, muss zunächst die Länge der Seitenlinie s mit dem Satz von Pythagoras berechnet werden.

Berechnung der Seitenlinie s mit dem Satz von Pythagoras:

$s^2 = r_K{}^2 + h_K{}^2$

$s^2 = (4{,}20\ \text{m})^2 + (3{,}60\ \text{m})^2 \quad |\sqrt{\ }$

$s = \sqrt{(4{,}20\ \text{m})^2 + (3{,}60\ \text{m})^2}$

$s = \sqrt{30{,}6\ \text{m}^2}$

$s = 5{,}53\ \text{m}$

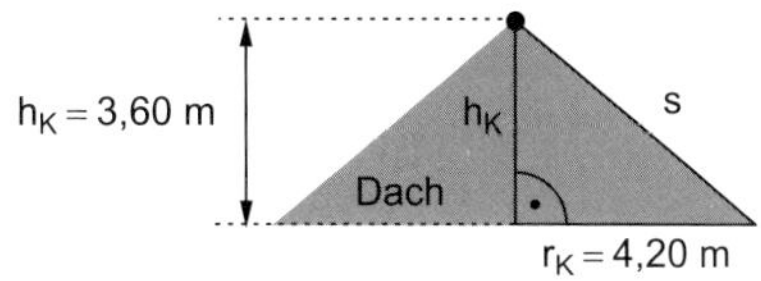

Berechnung der Mantelfläche des Kegels:

$M_{Kegel} = r_K \cdot s \cdot \pi$

$M_{Kegel} = 4{,}20\ \text{m} \cdot 5{,}53\ \text{m} \cdot \pi$

$\underline{\underline{M_{Kegel} = 72{,}97\ \text{m}^2}}$

5.4 Der zu füllende Graben entspricht einem Hohlzylinder. Um sein Volumen zu berechnen, wird zunächst die Fläche des Kreisrings ($A_{\text{großer Kreis}} - A_{\text{kleiner Kreis}}$) bestimmt. Multipliziert man diese Fläche mit der Tiefe des Grabens, ergibt sich das Volumen des Hohlzylinders.

Großer Kreis:
Radius:

$r_{groß} = \frac{d_Z}{2} + 0{,}5\ \text{m} = \frac{8\ \text{m}}{2} + 0{,}5\ \text{m} = 4{,}5\ \text{m}$

Fläche:

$A_{\text{großer Kreis}} = r_{groß}{}^2 \cdot \pi$

$A_{\text{großer Kreis}} = (4{,}50\ \text{m})^2 \cdot \pi$

$A_{\text{großer Kreis}} = 63{,}62\ \text{m}^2$

Kleiner Kreis:
Radius:

$r_{klein} = \frac{d_Z}{2} = \frac{8\ \text{m}}{2} = 4\ \text{m}$

Fläche:

$A_{\text{kleiner Kreis}} = r_{klein}{}^2 \cdot \pi$

$A_{\text{kleiner Kreis}} = (4\ \text{m})^2 \cdot \pi$

$A_{\text{kleiner Kreis}} = 50{,}27\ \text{m}^2$

Fläche des Kreisrings:

$A_{Kreisring} = A_{\text{großer Kreis}} - A_{\text{kleiner Kreis}}$

$A_{Kreisring} = 63{,}62\ \text{m}^2 - 50{,}27\ \text{m}^2$

$A_{Kreisring} = 13{,}35\ \text{m}^2$

Volumen des Grabens:

$V_{Graben} = A_{Kreisring} \cdot h_{Graben}$

$V_{Graben} = 13{,}35\ m^2 \cdot 1\ m$

$\underline{\underline{V_{Graben} = 13{,}35\ m^3}}$

Alternative Lösungsmöglichkeit:

Das Volumen des Hohlzylinders erhält man, wenn man das Volumen des inneren Zylinders vom Volumen des äußeren Zylinders abzieht.

Volumen des Grabens:

$V_{Graben} = V_{äußerer\ Zylinder} - V_{innerer\ Zylinder}$

$V_{Graben} = r_{groß}^{\ 2} \cdot \pi \cdot h_{Graben} - r_{klein}^{\ 2} \cdot \pi \cdot h_{Graben}$

$V_{Graben} = (4{,}5\ m)^2 \cdot \pi \cdot 1\ m - (4\ m)^2 \cdot \pi \cdot 1\ m$

$V_{Graben} = 63{,}62\ m^3 - 50{,}27\ m^3$

$\underline{\underline{V_{Graben} = 13{,}35\ m^3}}$

5.5 Da die Schnüre $\overline{BC}$ und $\overline{EF}$ parallel sind, kann diese Aufgabe mit dem Strahlensatz gelöst werden. Dafür muss zunächst die Länge der Strecke $\overline{FD}$ bestimmt werden. Weil sich die Länge $|\overline{CD}| = 7{,}20\ m$ auf acht gleich große Abstände verteilt, ist einer dieser Abstände $7{,}20\ m : 8 = 0{,}9\ m$ breit. Vom Punkt D zum Punkt F sind es sechs Abstände, also beträgt die Länge $|\overline{FD}| = 6 \cdot 0{,}9\ m = 5{,}4\ m$. Diese Strecke ist die Länge des „kurzen Strahls".

Berechnung der Länge der Strecke $\overline{FD}$:

$|\overline{FD}| = 6 \cdot \frac{7{,}20\ m}{8} = 6 \cdot 0{,}9\ m = 5{,}4\ m$

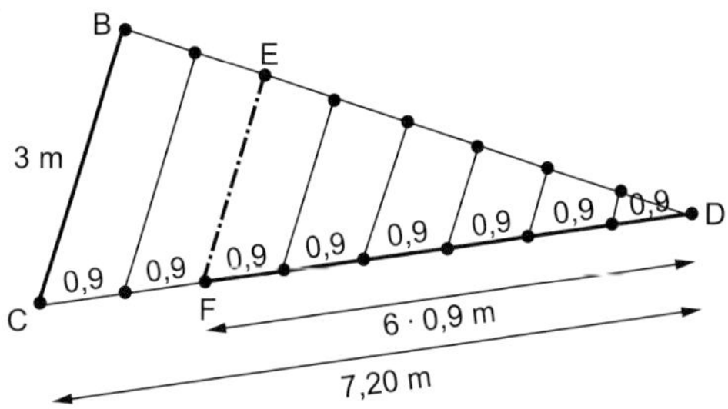

Berechnung der Länge der Schnur $\overline{EF}$ mit dem Strahlensatz:

$\frac{|\overline{EF}|}{|\overline{BC}|} = \frac{|\overline{FD}|}{|\overline{CD}|}$

$\frac{|\overline{EF}|}{3\ m} = \frac{5{,}40\ m}{7{,}20\ m} \qquad | \cdot 3\ m$

$|\overline{EF}| = \frac{5{,}40\ m \cdot 3\ m}{7{,}20\ m}$

$\underline{\underline{|\overline{EF}| = 2{,}25\ m}}$

Abschlussprüfung 2022 an drei- und vierstufigen Wirtschaftsschulen
Mathematik – Aufgabenteil A

Hinweis: Wegen der Coronapandemie wurden auch in diesem Jahr Aufgaben aus dem Aufgabenteil A durch die Lehrkraft gestrichen. Aus Aufgabenteil A mussten der „Block ohne Wahlmöglichkeit" sowie zwei der drei Wahlblöcke bearbeitet werden.

Aufgaben ohne Benutzung des Taschenrechners – Block ohne Wahlmöglichkeit

1. Die Klasse 10b einer Wirtschaftsschule plant die Abschlussfahrt ins 150 km entfernte Salzburg. Die unten stehende Grafik veranschaulicht die Fahrtkosten von zwei ortsansässigen Busunternehmen in Abhängigkeit von den gefahrenen Kilometern.

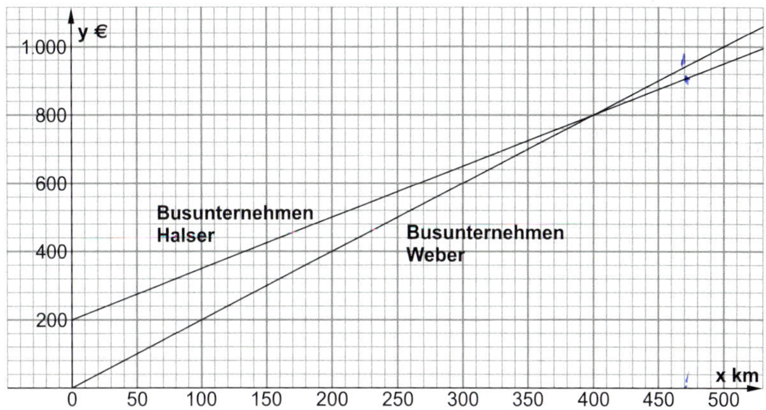

1.1 Entnehmen Sie aus der Grafik die Kosten für die Hin- und Rückfahrt des günstigeren Unternehmens und geben Sie diese an. 1

600€

1.2 Vor Ort werden durch einige Ausflüge nochmals 170 km Fahrstrecke hinzukommen. Begründen Sie, ob diese Tatsache einen Einfluss auf die unter Aufgabe 1.1 getroffene Entscheidung hat. 1

Ja, weil Weber teuer wird

2. Gegeben sind die Normalparabeln p_1: $y = -(x+2)^2 + 3$ und p_2.

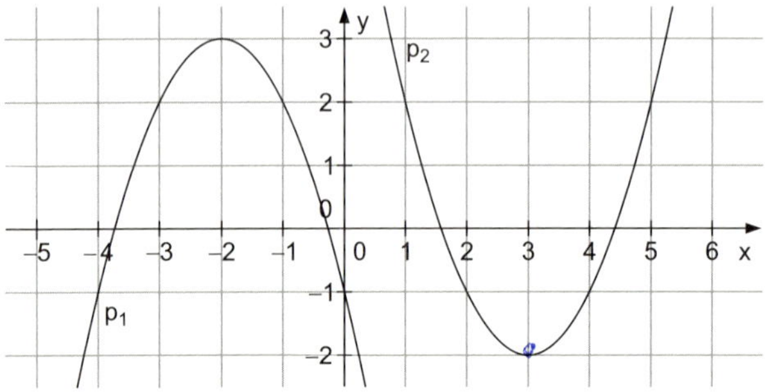

2.1 Geben Sie die Gleichung der Parabel p_2 in der Scheitelform an. 1

p_2: y = $x \cdot (x-3)^2$ ~~+~~ -2

2.2 Wandeln Sie die Gleichung der Parabel p_1 in die allgemeine Form um. 2

$y = -$~~4~~$x^2 + 4b + 3$

3. Im Fußballtraining spielen sich die Kinder Anton, Baris und Chris die Bälle zu (siehe Skizze). Berechnen Sie die Entfernung x zwischen Anton und Baris. 2

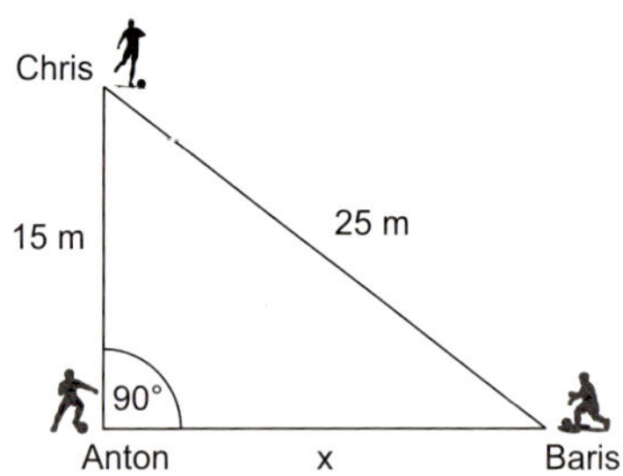

7

Aufgaben ohne Benutzung des Taschenrechners – Wahlblock 1

1.1 Ein Glücksrad hat 15 gleich große Felder mit verschiedenen Musterungen. Die Wahrscheinlichkeit, dass das Glücksrad bei einmaligem Drehen auf einer bestimmten Musterung stehen bleibt, liegt bei 40 %.
Bestimmen Sie rechnerisch die Anzahl der Felder mit dieser Musterung. 1

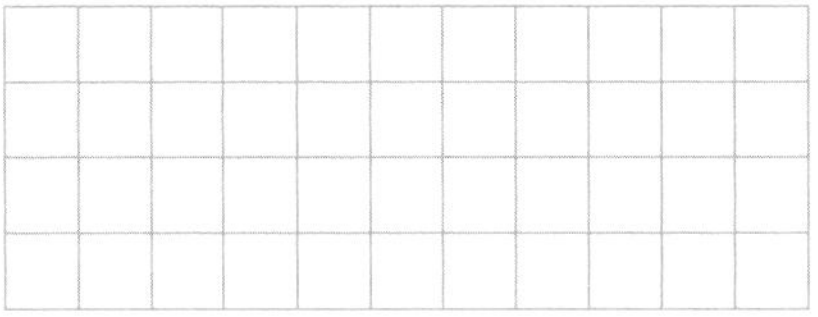

1.2 In einem Behälter liegen zwölf Farbstifte. Bei vier Stiften ist die Mine eingetrocknet. Franz zieht nacheinander zwei Farbstifte und legt diese nicht mehr zurück.
Tragen Sie im Baumdiagramm die fehlenden Übergangswahrscheinlichkeiten ein. 2

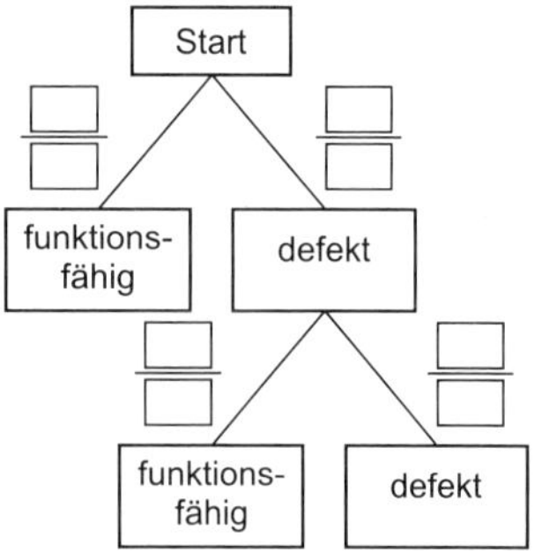

1.3 Zehn Schülerinnen und Schüler einer Projektgruppe benutzen je nach Entfernung ihres Wohnortes zur Schule verschiedene Verkehrsmittel auf ihrem Schulweg (siehe Tabelle).

	< 1 km	**1 km – 3 km**	**> 3 km**
U-Bahn/Bus	–	2	3
Fahrrad	1	1	–
zu Fuß	2	1	–

Bestimmen Sie die relative Häufigkeit des Ereignisses E: „Eine Schülerin oder ein Schüler kommt ohne Fahrrad zur Schule und der Schulweg ist höchstens 3 km lang.“ 1

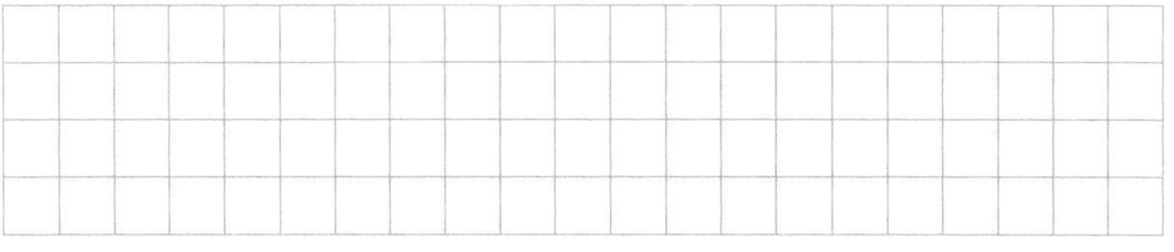

—
4

Aufgaben ohne Benutzung des Taschenrechners – Wahlblock 2

2.1 Formulieren Sie zu folgendem Ansatz eine passende Aufgabenstellung.

$$K_{12} = 30.000,00 \cdot 1,009^{12} - 1.500,00 \cdot \frac{1,009^{12} - 1}{1,009 - 1}$$ 2

2.2 Frau Korb möchte sich im Sommer ein E-Bike kaufen. Ihr gewünschtes Rad wird von zwei Onlinehändlern zu unterschiedlichen Bedingungen angeboten.
Zeigen Sie rechnerisch, welches Angebot günstiger ist. 2

	Anbieter 1	**Anbieter 2**
E-Bike Grundpreis	3.020,00 €	3.600,00 €
Rabatt	–	15 %
Lieferung	80,00 €	–

4

3.1 Der nebenstehende Leuchtturm hat am Boden einen Durchmesser von 8 m. Die rechteckige Fläche, auf der dieser Leuchtturm steht, soll mit neuen Pflastersteinen versehen werden. Berechnen Sie die zu pflasternde Fläche, wenn das Rechteck 15 m lang und 10 m breit ist.
Rechnen Sie mit $\pi = 3$. 3

3.2

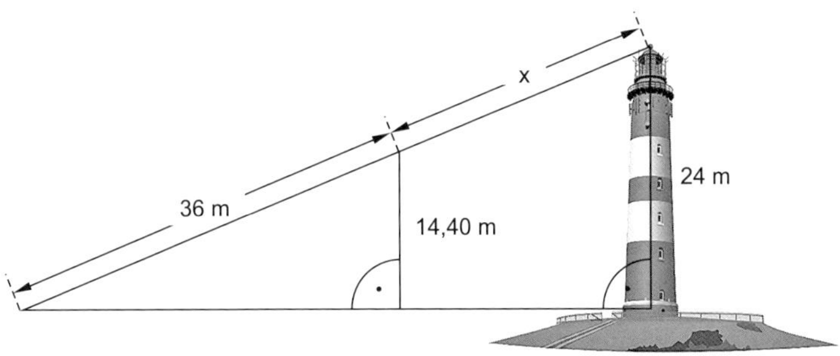

Bestimmen Sie, welcher Strahlensatz zur Berechnung der Strecke x hier richtig zur Anwendung kommt. 1

A	B	C	ANTWORT
$\frac{36}{x+36} = \frac{24}{14{,}40}$	$\frac{x+36}{36} = \frac{24}{14{,}40}$	$\frac{x}{36} = \frac{24}{14{,}40}$	

4

Abschlussprüfung 2022 an drei- und vierstufigen Wirtschaftsschulen
Mathematik – Aufgabenteil B

Aufgabe 1 – Finanzmathematik

Frau Anna Blum ist Rentnerin und möchte bereits zu Lebzeiten einen Teil ihrer Erbschaft regeln. Sie verkauft ein Grundstück und zahlt ihrem Sohn Stefan 100.000,00 € und ihren beiden Enkelkindern Jan und Emily jeweils 30.000,00 € vorab aus.
Bis zu Emilys Volljährigkeit in sechs Jahren verbleibt ihr Anteil auf einem Festgeldkonto mit 1,75 % jährlicher Verzinsung.

1.1 Berechnen Sie, über welchen Betrag Emily an ihrem 18. Geburtstag verfügen kann. 2

Jan hat nach seiner Ausbildung ein Start-up-Unternehmen gegründet und möchte mit dem Geld in den kommenden vier Jahren den Markteintritt seines Produktes finanziell begleiten.
Er plant, die 30.000,00 € bei der Bank zu 2,25 % p. a. anzulegen und sich jeweils zu Beginn des Jahres einen festen Betrag auszahlen zu lassen.

1.2 Berechnen Sie den Betrag, den Jan verwenden kann, wenn er nach vier Jahren noch 10.000,00 € übrig haben möchte. 3

Nach erfolgreicher Produkteinführung kann es sich Jan mittlerweile leisten, Rücklagen zu bilden. Zu den verbliebenen 10.000,00 € zahlt er fortan am Jahresende 6.000,00 € ein. Die jährliche Verzinsung bleibt bei 2,25 %.

1.3 Berechnen Sie, nach wie vielen Jahren Jan 50.000,00 € an Rücklagen erreicht hat. 4

Stefan Blum ist Schreinermeister und möchte die Schenkung seiner Mutter zur Erweiterung seiner Werkstatt verwenden. Er rechnet mit Investitionskosten in Höhe von 160.000,00 €. Um die Finanzierungslücke zu schließen, muss er ein Darlehen in Anspruch nehmen (siehe Anlage Seite 7).

1.4 Erstellen Sie einen Tilgungsplan für die ersten zwei Jahre. 3

Da sich die Auftragslage sehr positiv entwickelt, kann Herr Blum mit Beginn des vierten Jahres die jährliche Tilgungsrate für seinen laufenden Kredit um 2.000,00 € erhöhen.

1.5 Berechnen Sie die neue Gesamtlaufzeit des Darlehens.
(Zwischenergebnis: $K_3 = 45.000,00$ €) 3

15

Zu Teilaufgabe 1.4

Darlehensvertrag

Ingolstädter Bank

Zwischen

Ingolstädter Bank
Mariannenplatz 4
85049 Ingolstadt

(nachfolgend Darlehensgeber genannt)

und

Stefan Blum
Hornweg 15
85139 Wettstetten

(nachfolgend Darlehensnehmer genannt)

wird folgender Vertrag geschlossen.

§ 1 Darlehensgewährung
Der Darlehensgeber gewährt dem Darlehensnehmer ein Darlehen in Höhe von 60.000,00 € (in Worten: sechzigtausend).

§ 2 Laufzeit
Das Darlehen hat eine Laufzeit von 12 Jahren ab dem Auszahlungsdatum.

§ 3 Verzinsung
Das Darlehen ist mit 2,70 % p. a. zu verzinsen.

§ 4 Tilgung
Das Darlehen ist in jährlich gleichbleibenden Tilgungsraten in Höhe von je 5.000,00 € jeweils zum 31. 12. eines jeden Jahres zu tilgen.
Während der Laufzeit kann die Tilgungsrate einmalig angepasst werden.

Ingolstadt, den 16. 05. 2022

i. A. K. Bogner

Darlehensgeber
Ingolstädter Bank

Stefan Blum

Darlehensnehmer

Aufgabe 2 – Funktionaler Zusammenhang

Für die Präsentation einer modernen Magnetschwebebahn wird ein Glastunnel inklusive Besucherplattform aufgebaut. Die Form des Glastunnels ist parabelförmig und wird durch den Scheitel S(5 | 5,25) und den Punkt A(2 | 3) beschrieben.

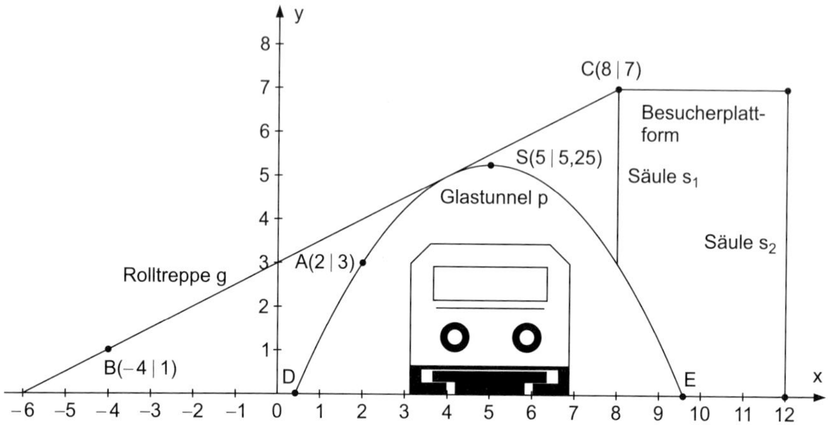

Alle Angaben in Meter.
Die Skizze ist nicht maßstabsgetreu.

2.1 Ermitteln Sie die Funktionsgleichung p des parabelförmigen Tunnels in allgemeiner Form. 3
(Ergebnis: p: $y = -0{,}25x^2 + 2{,}5x - 1$)

Der Hersteller des Glastunnels gibt dessen Spannweite $\overline{DE}$ mit 9,16 m an.

2.2 Überprüfen Sie rechnerisch diesen Wert. 4

Eine geradlinig verlaufende Rolltreppe g durch die Punkte B(−4 | 1) und C(8 | 7) führt zu einer Besucherplattform.

2.3 Berechnen Sie die Funktionsgleichung der Rolltreppe g. 3
(Ergebnis: g: $y = 0{,}5x + 3$)

2.4 Zeigen Sie rechnerisch, dass die Rolltreppe auf dem Glastunnel aufliegt. 3

Die Besucherplattform wird auf beiden Seiten durch senkrechte Säulen gestützt.

2.5 Bestimmen Sie rechnerisch die Länge der Säule s_1. 2

15

Aufgabe 3 – Trigonometrie

Herbert möchte in der nächsten Wintersaison wieder zum Skifahren auf die Piste. Dazu informiert er sich in einem Lehrbuch über die optimale Körperhaltung.
Für seine Körpergröße (1,92 m) findet er jedoch keine aussagekräftigen Ergebnisse.
Deshalb beschließt er, seine Körpermaße in eine Abbildung aus dem Buch zu übertragen.

$|\overline{EH}| = 55{,}60\text{ cm}$

$|\overline{EF}| = 36{,}90\text{ cm}$

$|\overline{GH}| = 66{,}40\text{ cm}$

$|\overline{HK}| = 69{,}80\text{ cm}$

$\overline{EF} \parallel \overline{GH}$

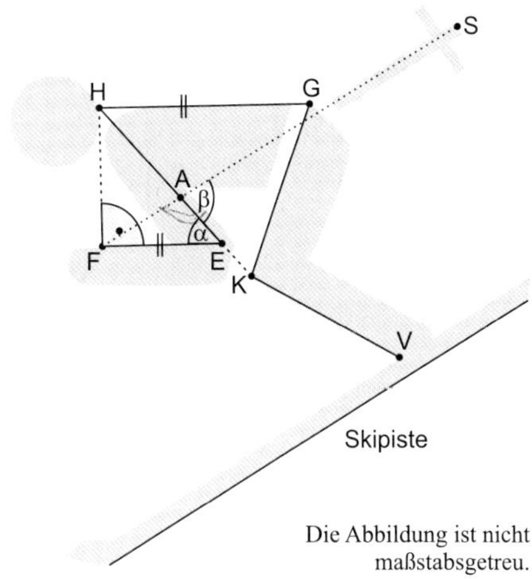

Die Abbildung ist nicht maßstabsgetreu.

Zuerst betrachtet Herbert seine Armhaltung.

3.1 Berechnen Sie den Abstand seiner Finger F vom Hals H. 2

3.2 Berechnen Sie die Größe des Beugungswinkels α. 2
(Ergebnis: $\alpha = 48{,}42°$)

Anschließend analysiert er seine Beinstellung. Dazu benötigt er die Länge seines Oberschenkels $\overline{GK}$.

3.3 Berechnen Sie die Länge des Oberschenkels $\overline{GK}$. 3

Das Dreieck GHK ist entscheidend für die Luftangriffsfläche. Bei Seitenwind soll dieser Bereich möglichst gering sein.

3.4 Berechnen Sie die Fläche $A_{\Delta GHK}$. 2

Zudem ist das Verhältnis der Körpergröße zur Länge der Skistöcke entscheidend.
Die Länge des gesamten Skistockes $\overline{FS}$ ist das 4,6-Fache von $|\overline{AF}|$.
Es gilt: $\beta = 77{,}84°$

Körpergröße	**Empfohlene Skistocklänge**
183–189 cm	130 cm
190–196 cm	135 cm
über 197 cm	140 cm

3.5 Überprüfen Sie rechnerisch, ob die Länge des Skistockes $\overline{FS}$ für den 1,92 m großen Herbert geeignet ist. 4

Maßgeblich für die Lawinengefahr ist die Hangsteilheit. Ab etwa 30 Grad Neigung können trockene Schneebretter abgleiten. Der Hang, den Herbert fahren möchte, hat ein Gefälle von 61 %.

3.6 Überprüfen Sie rechnerisch, ob theoretisch eine Lawinengefahr bestehen würde. 2

15

Aufgabe 4 – Daten und Zufall

Laut einem Zeitungsartikel können immer weniger Kinder gut schwimmen. Deshalb plant man an einer Wirtschaftsschule, Schwimmkurse anzubieten. Um sich einen Überblick über die Schwimmfähigkeiten zu verschaffen, wurden 200 Schülerinnen und Schüler der Jahrgangsstufen 6 bis 9 befragt.
Die Ergebnisse sind in der folgenden Tabelle aufgelistet.

Schwimmfähigkeit	6a	6b	7a	7b	8a	8b	9a	9b	SUMME
Nichtschwimmer	5	4	2	4	–	1	2	–	18
Anfänger	6	7	7	2	4	7	3	6	42
Fortgeschrittene	15	14	15	19	20	19	20	18	140

4.1 Berechnen Sie die prozentuale relative Häufigkeit des Ereignisses E_1: „Eine Schülerin oder ein Schüler hat keine fortgeschrittene Schwimmfähigkeit.“ 2

Um dem Schulleiter die Schwimmfähigkeiten der Kinder an der Wirtschaftsschule zu veranschaulichen, werden die Zahlen grafisch aufbereitet.

4.2 Erstellen Sie ein Kreisdiagramm (siehe Zusatzblatt Seite 11) der jeweiligen Schwimmfähigkeit der befragten 200 Schülerinnen und Schüler. 4

Die acht besten Schwimmerinnen und Schwimmer nehmen an einem Schwimmwettbewerb über 50 m Freistil teil.
Die Zeiten in Sekunden sind in untenstehender Tabelle aufgelistet.

Name	Karin	Tom	Lena	Luca	Elif	Ralf	Ylenia	Anton
Zeit in Sekunden	52,6	57,8	51,4	53,7	55,1	57,6	55,3	58,9

4.3 Ermitteln Sie das arithmetische Mittel und den Median der Schwimmzeiten aller acht Teilnehmerinnen und Teilnehmer. 3

Für den Schwimmkurs der 18 Nichtschwimmer werden drei gleich große Gruppen gebildet und den Lehrkräften Frau Sommer (S), Herrn Herbst (H) und Herrn Winter (W) jeden Tag neu zugelost.
Der Schwimmkurs findet an zwei Tagen statt.
Aufgrund einer Erkrankung von Herrn Herbst müssen am zweiten Tag die 18 Nichtschwimmer auf zwei gleich große Gruppen den Lehrkräften Frau Sommer und Herr Winter zugeteilt werden.

4.4 Fertigen Sie zu dem Zufallsexperiment „Schülerverteilung auf die jeweiligen Lehrkräfte beim Schwimmkurs“ ein passendes Baumdiagramm an und tragen Sie die entsprechenden Übergangswahrscheinlichkeiten ein. 3

4.5 Berechnen Sie die Wahrscheinlichkeit für das Ereignis E_2 „Eine Schülerin oder ein Schüler hat an allen Projekttagen Schwimmunterricht bei Frau Sommer“. 1

4.6 Berechnen Sie die Wahrscheinlichkeit für das Ereignis E_3 „Eine Schülerin oder ein Schüler wird in den Projekttagen höchstens einmal von Herrn Winter unterrichtet“. 2

15

Zusatzblatt zu 4. Daten und Zufall

Zu Teilaufgabe 4.2

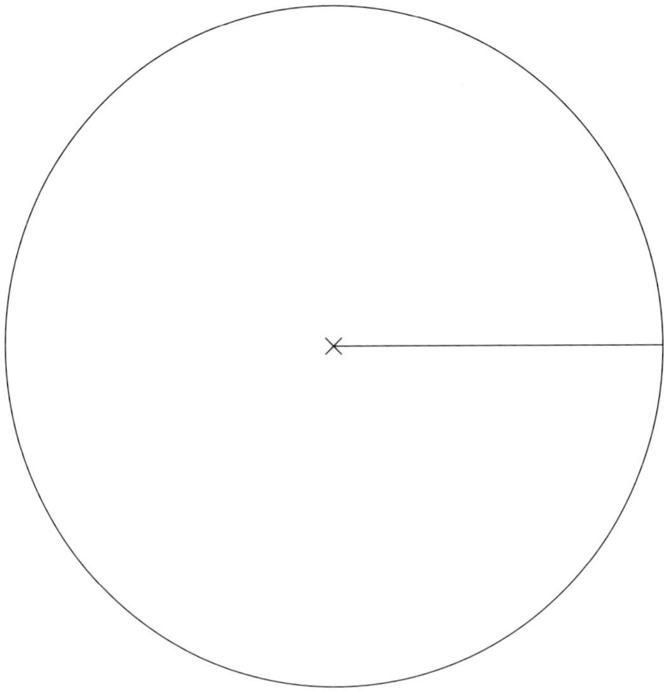

Aufgabe 5 – Raum und Form

Der Zirkus kommt nach Bad Aibling. Zur Genehmigung schickt der Zirkusdirektor den nebenstehenden Lageplan an die Stadtverwaltung, um den nötigen Platzbedarf zu übermitteln.

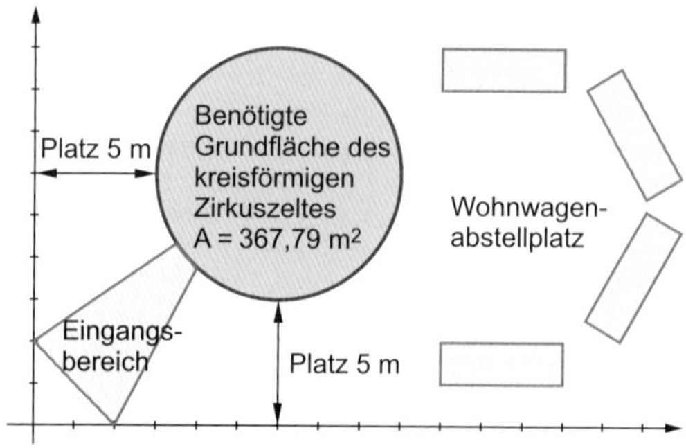

Die Skizze ist nicht maßstabsgetreu.

5.1 Bestimmen Sie den Radius des Zirkuszeltes. (Ergebnis: $r = 10{,}82$ m) 2

Das Zirkuszelt besteht aus einem 4,50 m hohen und annähernd zylinderförmigen Grundkörper mit einem kegelförmigen Dach. Die Gesamthöhe des Zeltes beträgt 8 m. Am Zelt sind umlaufend Abspannseile im Abstand von 80 cm angebracht, die im Boden verankert sind (siehe Skizze).

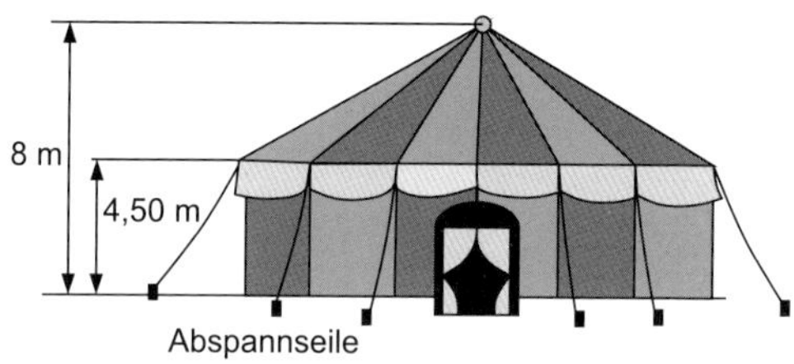

Die Skizze ist nicht maßstabsgetreu.

5.2 Berechnen Sie, wie viele Abspannseile für das Zelt nötig sind. 2

Laut aktuellen Hygienebestimmungen muss für jeden Besucher in geschlossenen Zelten ein Luftvolumen von mindestens 10 m³ zur Verfügung stehen.

5.3 Berechnen Sie, wie viele Besucher unter diesen Bedingungen maximal pro Veranstaltung eingelassen werden dürfen. 4

Durch unachtsame Lagerung der Plane für das Zirkusdach sind Schäden an dieser entstanden.

5.4 Berechnen Sie die Fläche der neu zu bestellenden Plane. 4

Für eine Hochseilnummer werden zwei parallele Seile in den Höhen $h_1 = 6{,}50$ m und $h_2 = 4{,}50$ m gespannt. Das Zelt ist insgesamt 8 m hoch und hat einen Radius von 10,82 m.

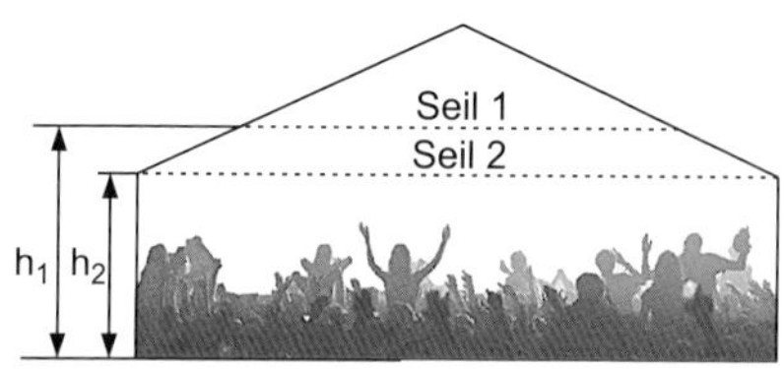

5.5 Berechnen Sie die Länge von Seil 1. 3

15

Lösung – Aufgabenteil A

Aufgaben ohne Benutzung des Taschenrechners – Block ohne Wahlmöglichkeit

1.1 Da der Bus auf der Hinfahrt und auf der Rückfahrt jeweils 150 km fährt, legt er insgesamt 300 km zurück. In der Grafik geht man also auf der x-Achse ($\hat{=}$ gefahrene Kilometer) bis $x = 300$ km und an dieser Stelle senkrecht nach oben. Die erste Gerade, auf die man trifft, gehört zum günstigeren Unternehmen. Die zugehörigen Kosten liest man an der y-Achse ($\hat{=}$ Kosten in €) ab.

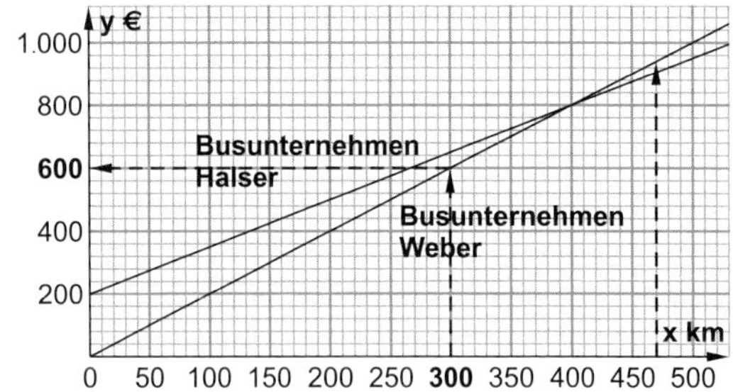

Die Kosten für die $2 \cdot 150$ km $= 300$ km (Hin- und Rückfahrt) betragen beim günstigeren Busunternehmen Weber 600 €.

1.2 Zunächst ist die neue Gesamtanzahl an zurückgelegten Kilometern zu berechnen. Zu den 300 km für Hin- und Rückfahrt kommen 170 km für Ausflüge hinzu. In der Grafik muss man also nun bei $x = 470$ km senkrecht nach oben gehen (siehe rechts oben) und ablesen, welche Gerade eines Unternehmens zuerst getroffen wird.

Mit den Ausflügen legt der Bus nun insgesamt 300 km + 170 km = 470 km zurück. Bei dieser Kilometerzahl ist das Busunternehmen Halser günstiger. Somit hat diese Tatsache einen Einfluss auf die getroffene Entscheidung.

2.1 Die Scheitelform der Parabel ist $y = a \cdot (x - x_S)^2 + y_S$ mit Formfaktor a und Scheitelpunkt $S(x_S \mid y_S)$. Da p_2 eine nach oben geöffnete (verschobene) Normalparabel ist, gilt $a = 1$. Der Scheitelpunkt von p_2 wird aus der Grafik abgelesen und in die Scheitelform eingesetzt.

Der Scheitelpunkt der Parabel p_2 ist $S(3 \mid -2)$. Außerdem gilt $a = 1$.

Einsetzen von $x_S = 3$, $y_S = -2$ und $a = 1$ in die Scheitelform p_2: $y = a \cdot (x - x_S)^2 + y_S$ liefert:

p_2: $y = (x - 3)^2 - 2$

2.2 Die Normalform der Parabel ist $y = ax^2 + bx + c$. Um p_1: $y = -(x + 2)^2 + 3$ in die Normalform zu bringen, wird die Klammer mithilfe der binomischen Formeln aufgelöst.

Umwandlung der Scheitelform in die Normalform:

$y = -(x + 2)^2 + 3$	Auflösen der Klammer über das Binom oder durch Ausmultiplizieren. *Wichtig:* Das Minus vor der Klammer bleibt erhalten!
$y = -(x^2 + 4x + 4) + 3$	Klammer auflösen. Dabei gilt die Regel: „Steht ein Minus vor der Klammer, darf man die Klammer weglassen, wenn man alle Vorzeichen in der Klammer umdreht.“
$y = -x^2 - 4x - 4 + 3$	Zusammenfassen.
$y = -x^2 - 4x - 1$	

Die Normalform lautet: p_1: $y = -x^2 - 4x - 1$

3. Anton, Baris und Chris bilden zusammen ein rechtwinkliges Dreieck. Hier gilt der Satz des Pythagoras. Zwischen Chris und Baris liegt die Hypotenuse (längste Seite im Dreieck, liegt dem rechten Winkel gegenüber). Die anderen beiden Seiten sind die Katheten.

Berechnung der Entfernung x mit dem Satz von Pythagoras:

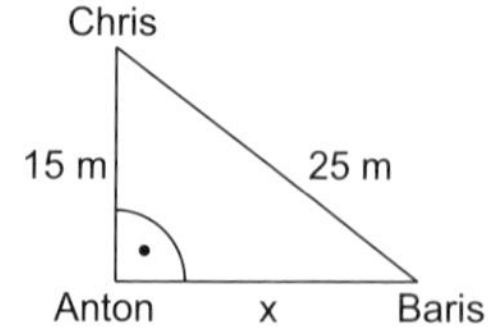

$$(25\ \text{m})^2 = x^2 + (15\ \text{m})^2 \quad |-(15\ \text{m})^2$$
$$(25\ \text{m})^2 - (15\ \text{m})^2 = x^2$$
$$625\ \text{m}^2 - 225\ \text{m}^2 = x^2$$
$$x^2 = 400\ \text{m}^2 \quad |\sqrt{\ }$$
$$x = 20\ \text{m}$$

Die Entfernung zwischen Anton und Baris beträgt 20 m.

Aufgaben ohne Benutzung des Taschenrechners – Wahlblock 1

1.1 Diese Aufgabe kann man mit einem Dreisatz oder mit der Lösungsformel lösen.

1. Möglichkeit: Dreisatz

$$\begin{aligned} &\cdot 2 \quad 100\,\% \triangleq 15 \text{ Felder} \quad \cdot 2 \\ &: 5 \quad 200\,\% \triangleq 30 \text{ Felder} \quad : 5 \\ &\quad\quad 40\,\% \triangleq 6 \text{ Felder} \end{aligned}$$

2. Möglichkeit: Lösungsformel

Gegeben: G = 15 Felder; p % = 40 %

Gesucht: P

$$P = \frac{G \cdot p}{100}$$

$$P = \frac{15 \text{ Felder} \cdot 40}{100} = \frac{3 \cdot 40}{20} \text{ Felder} = 6 \text{ Felder}$$

1.2 Die Anzahl der Stifte nimmt ab und damit ändern sich auch die Wahrscheinlichkeiten.

- Vor dem ersten Herausziehen sind $12 - 4 = 8$ Stifte funktionsfähig und 4 Stifte defekt.
  Wahrscheinlichkeit, beim 1. Zug einen funktionsfähigen Stift zu ziehen: $\frac{8}{12}$
  Wahrscheinlichkeit, beim 1. Zug einen defekten Stift zu ziehen: $\frac{4}{12}$
- Da der erste Stift nicht wieder zurückgelegt wird, sind nur noch 11 Stifte im Behälter. Das Baumdiagramm muss nur auf der Seite ergänzt werden, auf der der erste Stift defekt war. Somit sind noch 8 funktionsfähige und $4 - 1 = 3$ defekte Stifte vorhanden.
  Wahrscheinlichkeit, beim 2. Zug einen funktionsfähigen Stift zu ziehen: $\frac{8}{11}$
  Wahrscheinlichkeit, beim 2. Zug einen defekten Stift zu ziehen: $\frac{3}{11}$

Baumdiagramm:

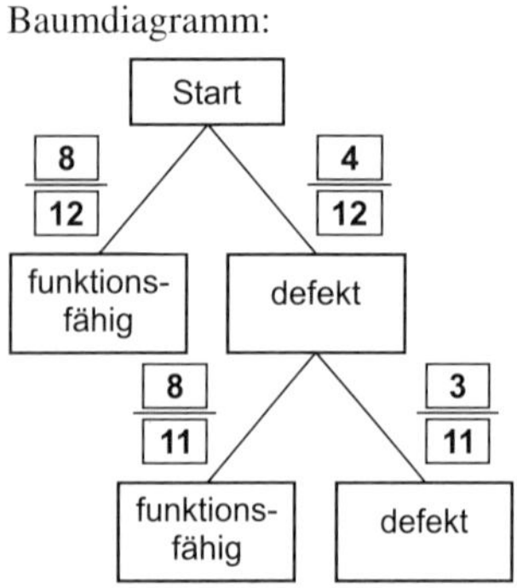

1.3 In der Tabelle sind insgesamt $2+3+1+1+2+1=10$ Schüler*innen erfasst. Ohne Fahrrad kommen $2+3+2+1=8$ Schüler*innen zur Schule. 3 von ihnen haben aber einen Schulweg, der mehr als 3 km beträgt. Somit erfüllen nur 5 die geforderten Bedingungen:

	< 1 km	**1 km – 3 km**	**> 3 km**
U-Bahn / Bus	–	**2**	3
Fahrrad	1	1	–
zu Fuß	**2**	**1**	–

Die relative Häufigkeit ist das Verhältnis aus absoluter Häufigkeit (diese 5 Schüler*innen) zur Grundgesamtheit (alle 10 Schüler*innen).

$$h(E) = h(\text{kein Rad, höchstens 3 km}) = \frac{2+2+1}{2+3+1+1+2+1} = \frac{5}{10} = \frac{1}{2} = \underline{\underline{50\ \%}}$$

Aufgaben ohne Benutzung des Taschenrechners – Wahlblock 2

2.1 Es handelt sich um eine nachschüssige Kapitalminderung: $K_n = K_0 \cdot q^n - r \cdot \frac{q^n - 1}{q - 1}$

Bei der Formulierung der Aufgabe müssen alle wichtigen Informationen vorkommen: Startkapital $K_0 = 30.000{,}00$ €; nachschüssig; Anzahl der Jahre $n = 12$; Rente $r = 1.500{,}00$ €; Kapitalminderung; $q = 1{,}009$ und Prozentsatz $p\ \% = 0{,}9\ \%$

Von einem Sparkonto mit 30.000,00 € Startkapital (K_0) wird am Ende eines Jahres (nachschüssig) 12 Jahre lang (n) 1.500,00 € (r) entnommen. Der Zinssatz beträgt 0,9 % (p %). Wie hoch ist das Guthaben nach 12 Jahren?

2.2 Die Gesamtkosten der beiden Angebote werden berechnet und miteinander verglichen.

Angebot 1:

Die Kosten setzten sich aus dem Grundpreis und den Kosten für die Lieferung zusammen.

Gesamtkosten:

Grundpreis		3.020,00 €
Lieferung	+	80,00 €
Endpreis		3.100,00 €

Angebot 2:

Es muss der Rabatt von 15 % berechnet und dann vom Grundpreis abgezogen werden.

Rabatthöhe:

10 % von 3.600,00 €: 360,00 €
5 % von 3.600,00 €: 180,00 €
15 % von 3.600,00 €: 360,00 € + 180,00 € = 540,00 €

Gesamtkosten:

Grundpreis		3.600,00 €
Rabatt	–	540,00 €
Endpreis		3.060,00 €

Vergleich:
3.100,00 € > 3.060,00 €

Angebot 2 ist um 40,00 € günstiger.

3.1 Die Grundfläche des Leuchtturms ist ein Kreis. Um die zu pflasternde Fläche zu berechnen, muss von der Rechteckfläche die Kreisfläche abgezogen werden.
Aus dem Durchmesser des Leuchtturms (d = 8 m) ergibt sich der Radius r = 8 m : 2 = 4 m.
Die rechteckige Fläche ist a = 15 m lang und b = 10 m breit.

Gegeben: d = 8 m ⇒ r = 4 m; a = 15 m; b = 10 m

Gesucht: A

Größe der zu pflasternden Fläche:

$A = A_{Rechteckt} - A_{Kreis}$

$A = a \cdot b - r^2 \cdot \pi$

$A = 15\ m \cdot 10\ m - (4\ m)^2 \cdot 3$

$A = 150\ m^2 - 48\ m^2$

$A = \underline{\underline{102\ m^2}}$

3.2 Von der Spitze S aus verlaufen die beiden Strahlen nach rechts. Die beiden Parallelen schneiden die beiden Strahlen (siehe Skizze).
Der Strahlensatz kann folgendermaßen aufgestellt werden:

$$\frac{\text{kurzer Strahl}}{\text{langer Strahl}} = \frac{\text{kurze Parallele}}{\text{lange Parallele}}$$

$$\frac{|\overline{SA'}|}{|\overline{SB'}|} = \frac{|\overline{A'A}|}{|\overline{B'B}|}$$

$$\frac{36\ m}{36\ m + x} = \frac{14,4\ m}{24\ m}$$

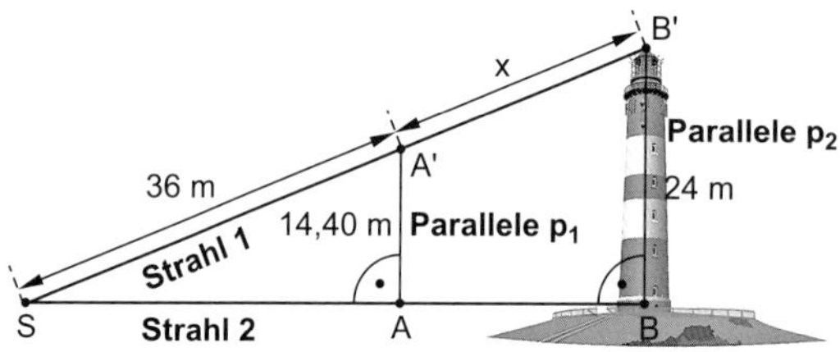

oder:

$$\frac{\text{langer Strahl}}{\text{kurzer Strahl}} = \frac{\text{lange Parallele}}{\text{kurze Parallele}}$$

$$\frac{|\overline{SB'}|}{|\overline{SA'}|} = \frac{|\overline{BB'}|}{|\overline{AA'}|}$$

$$\frac{36\ m + x}{36\ m} = \frac{24\ m}{14,4\ m}$$

Bei Antwort A ist der zweite Bruch gedreht.
Bei Antwort C geht der Strahl nicht von der Spitze S aus.
Richtig ist Antwort B.

Antwort: **B**

Lösung – Aufgabenteil B

Aufgabe 1 – Finanzmathematik

1.1 Der Anteil von Emily in Höhe von 30.000 € wird für 6 Jahre auf Zinseszinsen angelegt.

Gegeben: $K_0 = 30.000$ €; $n = 6$; $p\,\% = 1{,}75\,\%$ $\Rightarrow$ $q = 1{,}0175$

Gesucht: K_n

Berechnung des Betrags, über den Emily nach sechs Jahren verfügen kann:

$$K_n = K_0 \cdot q^n$$
$$K_6 = 30.000\text{ €} \cdot 1{,}0175^6$$
$$\underline{\underline{K_6 = 33.291{,}07\text{ €}}}$$

Emily kann an ihrem 18. Geburtstag über 33.291,07 € verfügen.

1.2 Jan möchte sich zu Beginn eines jeden Jahres (vorschüssig) einen festen Betrag auszahlen lassen. Bei dieser Kapitalminderung soll nach 4 Jahren ein Endkapital in Höhe von 10.000 € übrigbleiben. Gesucht ist die Höhe r der Rente, die er sich auszahlen lassen kann.

Gegeben: $K_0 = 30.000$ €; $n = 4$; $K'_4 = 10.000$ €; $p\,\% = 2{,}25\,\%$ $\Rightarrow$ $q = 1{,}0225$

Gesucht: r

Berechnung der Höhe r der jährlichen Auszahlungen (Rente):

$$K'_n = K_0 \cdot q^n - r \cdot q \cdot \frac{q^n - 1}{q - 1}$$
$$10.000\text{ €} = 30.000\text{ €} \cdot 1{,}0225^4 - r \cdot 1{,}0225 \cdot \frac{1{,}0225^4 - 1}{1{,}0225 - 1}$$
$$10.000\text{ €} = 32.792{,}50\text{ €} - r \cdot 4{,}2301 \qquad |-32.792{,}50\text{ €}$$
$$-22.792{,}50\text{ €} = -r \cdot 4{,}2301 \qquad |:(-4{,}2301)$$
$$\underline{\underline{r = 5.388{,}17\text{ €}}}$$

Jan kann 5.388,17 € verwenden.

1.3 Jan startet mit 10.000 €, die er zu einem Zinssatz von 2,25 % angelegt hat, und zahlt jährlich am Jahresende (nachschüssig) 6.000 € ein. Es handelt sich also um eine Kapitalmehrung. Gesucht ist die Laufzeit (n), bis die Rücklagen auf 50.000,00 € angewachsen sind.

Gegeben: $K_0 = 10.000$ €; $K_n = 50.000$ €; $r = 6.000$ €; $p\,\% = 2{,}25\,\%$ $\Rightarrow$ $q = 1{,}0225$

Gesucht: n

Berechnung der Anzahl n der Jahre:

$$K_n = K_0 \cdot q^n + r \cdot \frac{q^n - 1}{q - 1}$$
$$50.000\text{ €} = 10.000\text{ €} \cdot 1{,}0225^n + 6.000\text{ €} \cdot \frac{1{,}0225^n - 1}{1{,}0225 - 1}$$
$$50.000\text{ €} = 10.000\text{ €} \cdot 1{,}0225^n + 6.000\text{ €} \cdot \frac{1{,}0225^n - 1}{0{,}0225} \qquad |\cdot 0{,}0225$$
$$1.125\text{ €} = 225\text{ €} \cdot 1{,}0225^n + 6.000\text{ €} \cdot (1{,}0225^n - 1)$$

Substitution: $x = 1{,}0225^n$

$$1.125\,€ = 225\,€ \cdot x + 6.000\,€ \cdot (x-1)$$

$$1.125\,€ = 225\,€ \cdot x + 6.000\,€ \cdot x - 6.000\,€ \quad \vert + 6.000\,€$$

$$7.125\,€ = 6.225\,€ \cdot x \quad \vert : 6.225\,€$$

$$x = 1{,}14458$$

Rück-Substitution: $1{,}14458 = 1{,}0225^n$

$$1{,}0225^n = 1{,}14458 \quad \vert \log$$

$$n \cdot \log 1{,}0225 = \log 1{,}14458 \quad \vert : \log 1{,}0225$$

$$n = \frac{\log 1{,}14458}{\log 1{,}0225}$$

$$n = 6{,}07$$

Jan kann nach 7 Jahren über mehr als 50.000 € Rücklagen verfügen.

Es muss aufgerundet werden, weil nach 6 Jahren 50.000 € gerade noch nicht erreicht sind.

Alternative Berechnung von n ohne die Substitution:

$$K_n = K_0 \cdot q^n + r \cdot \frac{q^n - 1}{q-1}$$

$$50.000\,€ = 10.000\,€ \cdot 1{,}0225^n + 6.000\,€ \cdot \frac{1{,}0225^n - 1}{1{,}0225 - 1} \quad \vert \cdot 0{,}0225$$

$$1.125\,€ = 225\,€ \cdot 1{,}0225^n + 6.000\,€ \cdot (1{,}0225^n - 1)$$

$$1.125\,€ = 225\,€ \cdot 1{,}0225^n + 6.000\,€ \cdot 1{,}0225^n - 6.000\,€ \quad \vert + 6.000\,€$$

$$7.125\,€ = 6.225\,€ \cdot 1{,}0225^n \quad \vert : 6.225\,€$$

$$1{,}14458 = 1{,}0225^n \quad \vert \log$$

$$\log 1{,}14458 = n \cdot \log 1{,}0225 \quad \vert : \log 1{,}0225$$

$$n = \frac{\log 1{,}14458}{\log 1{,}0225}$$

$$n = 6{,}07$$

Jan kann nach 7 Jahren über mehr als 50.000 € Rücklagen verfügen.

1.4 Aus dem Darlehensvertag geht hervor, dass es sich um eine Ratentilgung handelt, da die Tilgungsraten während der gesamten Laufzeit gleich bleiben (siehe §4). Für den Tilgungsplan müssen die Restschuld und die jährlich zu zahlenden Zinsen und Annuitäten berechnet werden. Die Schuld am Jahresende ist gleichzeitig die Schuld zu Beginn des neuen Jahres.

Gegeben: $K_0 = 60.000\,€$; $T = 5.000\,€$; $p\,\% = 2{,}70\,\%$

Gesucht: Z_1; A_1; S_1, Z_2, A_2; S_2

Berechnung der Zinsen Z_1 im 1. Jahr:

$$Z_1 = K_0 \cdot \frac{p}{100} = 60.000\,€ \cdot \frac{2{,}70}{100} = 1.620\,€$$

Berechnung der Annuität A_1 im 1. Jahr:

$A_1 = Z_1 + T = 1.620\ € + 5.000\ € = 6.620\ €$

Berechnung der Restschuld S_1 am Ende des 1. Jahres:

$S_1 = K_0 - T = 60.000\ € - 5.000\ € = 55.000\ €$

Berechnung der Zinsen Z_2 im 2. Jahr:

$$Z_2 = S_1 \cdot \frac{p}{100} = 55.000\ € \cdot \frac{2,70}{100} = 1.485\ €$$

Berechnung der Annuität A_2 im 2. Jahr:

$A_2 = Z_2 + T = 1.485\ € + 5.000\ € = 6.485\ €$

Berechnung der Restschuld S_2 am Ende des 2. Jahres:

$S_2 = S_1 - T_2 = 55.000\ € - 5.000\ € = 50.000\ €$

Erstellung des Tilgungsplans:

Jahr	Restschuld zu Jahresbeginn	Zinsen	Tilgung	Annuität	Restschuld am Jahresende
1	60.000 €	1.620 €	5.000 €	6.620 €	55.000 €
2	55.000 €	1.485 €	5.000 €	6.485 €	50.000 €

1.5 Zunächst muss man herausfinden, wie hoch die Restschuld nach 3 Jahren ist. Es wurden 3 Tilgungsraten zu je 5.000 € zurückbezahlt. Die Tilgungsrate ab dem 4. Jahr wird um 2.000 € erhöht. Über die Formel zur Berechnung der Tilgungsrate wird dann berechnet, nach welcher Laufzeit n_{neu} das Darlehen mit der neuen Tilgungsrate abbezahlt ist. Die Gesamtlaufzeit ergibt sich als Summe der 3 Jahre und der zweiten Laufzeit n_{neu}.

Gegeben: $K_0 = 60.000\ €;\ T = 5.000\ €$

Gesucht: n_{gesamt}

Berechnung der Restschuld K_3 nach 3 Jahren:

$K_3 = K_0 - 3 \cdot T$

$K_3 = 60.000\ € - 3 \cdot 5.000\ €$

$K_3 = 45.000\ €$

Berechnung der Höhe T_{neu} der neuen Tilgungsrate:

$T_{neu} = T + 2.000\ € = 5.000\ € + 2.000\ € = 7.000\ €$

Berechnung der Länge n_{neu} der zweiten Laufzeit des Darlehens:

$$T_{neu} = \frac{K_3}{n_2}$$

$$7.000\ € = \frac{45.000\ €}{n_{neu}} \quad |\cdot n_{neu}$$

$$n_{neu} \cdot 7.000\ € = 45.000\ € \quad |:7.000\ €$$

$$n_{neu} = 6,43$$

Herr Blum zahlt noch 7 Jahre ab. Die neue Gesamtlaufzeit beträgt also $3 + 7 = \underline{\underline{10}}$ Jahre.

Aufgabe 2 – Funktionaler Zusammenhang

2.1 Es sind der Scheitelpunkt S sowie ein weiterer Punkt A, der auf der Parabel liegt, gegeben. Im ersten Schritt muss man den Parameter a durch Einsetzen der beiden Punkte in die Scheitelform $y = a \cdot (x - x_S)^2 + y_S$ berechnen. Anschließend kann man die Scheitelform durch Ausmultiplizieren der Klammer auf Normalform $y = ax^2 + bx + c$ bringen. Alternativ kann man, wenn a bekannt ist, anstelle des zweiten Schritts ein Gleichungssystem aufstellen, um die Parameter b und c zu berechnen. Dazu setzt man die Punkte S und A sowie den berechneten Formfaktor a in die Normalform $y = ax^2 + bx + c$ ein.

Gegeben: $S(5\,|\,5{,}25) = S(x_S\,|\,y_S)$; $A(2\,|\,3) = A(x\,|\,y)$

Berechnung des Formfaktors a:

$$\begin{aligned} y &= a \cdot (x - x_S)^2 + y_S \\ 3 &= a \cdot (2-5)^2 + 5{,}25 && \big| -5{,}25 \\ -2{,}25 &= a \cdot (-3)^2 \\ -2{,}25 &= a \cdot 9 && \big| :9 \\ a &= -0{,}25 \end{aligned}$$

Aufstellen der Scheitelform:

$$y = -0{,}25 \cdot (x-5)^2 + 5{,}25$$

Umwandlung der Scheitelform in die Normalform:

$$\begin{aligned} y &= -0{,}25 \cdot (x-5) \cdot (x-5) + 5{,}25 \\ y &= -0{,}25 \cdot (x^2 - 5x - 5x + 25) + 5{,}25 \\ y &= -0{,}25 \cdot (x^2 - 10x + 25) + 5{,}25 \\ y &= -0{,}25x^2 + 2{,}5x - 6{,}25 + 5{,}25 \\ y &= -0{,}25x^2 + 2{,}5x - 1 \end{aligned}$$

Alternative Lösung durch das Aufstellen eines Gleichungssystems:
Einsetzen von $A(2\,|\,3)$, $S(5\,|\,5{,}25)$ und $a = -0{,}25$ in $y = ax^2 + bx + c$:

I $\quad 3 = -0{,}25 \cdot 2^2 + b \cdot 2 + c$ — $A(2\,|\,3)$ und $a = -0{,}25$ eingesetzt
II $\quad 5{,}25 = -0{,}25 \cdot 5^2 + b \cdot 5 + c$ — $S(5\,|\,5{,}25)$ und $a = -0{,}25$ eingesetzt

I $\quad 3 = -1 + 2b + c$ — Gleichungen zusammengefasst
II $\quad 5{,}25 = -6{,}25 + 5b + c$

Berechnung von b:

I – II $\quad -2{,}25 = 5{,}25 - 3b \quad \big| -5{,}25$ — Additionsverfahren: Gleichung I – Gleichung II
$\quad -7{,}5 = -3b \quad \big| :(-3)$ — Auflösen nach b
$\quad b = 2{,}5$

Berechnung von c:

b in I $\quad 3 = -1 + 2 \cdot 2{,}5 + c$ — Einsetzen von b in Gleichung I (oder II) und Auflösen nach c
$\quad 3 = 4 + c \quad \big| -4$
$\quad c = -1$

Funktionsgleichung in Normalform:

$y = -0{,}25x^2 + 2{,}5x - 1$ — Einsetzen von a, b und c in die Normalform

2.2 Um die Spannweite des Glastunnels überprüfen zu können, muss man die Nullstellen mithilfe der Lösungsformel berechnen. Für die Nullstellen gilt $y=0$.

Berechnung der Nullstellen:

$0=-0{,}25x^2+2{,}5x-1 \quad \Rightarrow \quad$ Es gilt: $a=-0{,}25$; $b=2{,}5$; $c=-1$

Lösungsformel:

$$x_{1/2}=\frac{-b\pm\sqrt{b^2-4ac}}{2a}$$

$$x_{1/2}=\frac{-2{,}5\pm\sqrt{2{,}5^2-4\cdot(-0{,}25)\cdot(-1)}}{2\cdot(-0{,}25)}$$

$$x_{1/2}=\frac{-2{,}5\pm\sqrt{5{,}25}}{-0{,}5}$$

$$x_{1/2}=\frac{-2{,}5\pm 2{,}29}{-0{,}5}$$

$x_1=0{,}42;\quad x_2=9{,}58$

Berechnung der Spannweite des Glastunnels:

$|\overline{DE}|=x_2-x_1=9{,}58-0{,}42=9{,}16$

Als Spannweite des Tunnels erhält man 9,16 m. Die Angabe des Herstellers ist korrekt.

2.3 Die Rolltreppe kann durch eine lineare Funktion dargestellt werden, da sie geradlinig durch die Punkte $B(-4\,|\,1)$ und $C(8\,|\,7)$ verläuft. Es gibt mehrere Lösungsmöglichkeiten.

Gegeben: $B(-4\,|\,1)=B(x_1\,|\,y_1)$; $C(8\,|\,7)=C(x_2\,|\,y_2)$

1. Lösungsmöglichkeit:

Zunächst wird die Steigung m der Geraden mithilfe der Steigungsformel berechnet. Anschließend setzt man m und einen weiteren Punkt (z. B. den Punkt B) in die Normalform $y=mx+t$ ein, um den y-Achsenabschnitt t zu berechnen.

Berechnung der Steigung m:

$$m=\frac{y_2-y_1}{x_2-x_1}=\frac{7-1}{8-(-4)}=\frac{6}{12}=\frac{1}{2}=0{,}5$$

Berechnung des y-Achsenabschnitts t:
Einsetzen von $m=0{,}5$ und $B(-4\,|\,1)$ in $y=mx+t$ liefert:

$1=0{,}5\cdot(-4)+t$

$1=-2+t \qquad |+2$

$t=3$

Aufstellen der Funktionsgleichung:

$\underline{\underline{g:\ y=0{,}5x+3}}$

2. Lösungsmöglichkeit:

Die Punkte $B(-4\,|\,1) = B(x_1\,|\,y_1)$ und $C(8\,|\,7) = C(x_2\,|\,y_2)$ werden in die Zwei-Punkte-Form eingesetzt. Die Variablen x und y sind dabei die Parameter der Funktionsgleichung.

Aufstellen der Funktionsgleichung:
Einsetzen von $B(-4\,|\,1) = B(x_1\,|\,y_1)$ und $C(8\,|\,7) = C(x_2\,|\,y_2)$ in die Zwei-Punkte-Form liefert:

$$\frac{y - y_1}{x - x_1} = \frac{y_2 - y_1}{x_2 - x_1}$$

$$\frac{y - 1}{x - (-4)} = \frac{7 - 1}{8 - (-4)}$$

$$\frac{y - 1}{x + 4} = \frac{6}{12} \qquad | \cdot (x + 4)$$

$$y - 1 = 0{,}5x + 2 \qquad | + 1$$

$$\underline{\underline{y = 0{,}5x + 3}}$$

Eine weitere Lösungsmöglichkeit wäre das Aufstellen eines Gleichungssystems durch das Einsetzen der Punkte $B(-4\,|\,1)$ und $C(8\,|\,7)$ in die Normalform $y = mx + t$.

2.4 Die Rolltreppe liegt auf dem Glastunnel auf, wenn die Parabel p und die Gerade g genau einen Schnittpunkt (Berührpunkt) haben. Um das zu zeigen, setzt man die Funktionsterme gleich und löst die Gleichung nach 0 auf. Durch das Einsetzen der abgelesenen Parameter a, b und c in $D = b^2 - 4ac$ berechnet man die Diskriminante. Die Diskriminante gibt an, wie viele Schnittpunkte es gibt. Ist die Diskriminante 0, haben p und g einen Berührpunkt.

Bestimmung des Schnittpunkts/Berührpunkts:
Gleichsetzen der Funktionsterme p: $y = -0{,}25x^2 + 2{,}5x - 1$ und g: $y = 0{,}5x + 3$:

$$-0{,}25x^2 + 2{,}5x - 1 = 0{,}5x + 3 \qquad | -0{,}5x - 3$$

$$-0{,}25x^2 + 2x - 4 = 0$$

Berechnung der Diskriminante D:
Es gilt: $a = -0{,}25$; $b = 2$; $c = -4$

$$D = b^2 - 4ac$$

$$D = 2^2 - 4 \cdot (-0{,}25) \cdot (-4)$$

$$D = 4 - 4$$

$$D = 0$$

Weil $D = 0$ ist, berühren sich p und g. Die Rolltreppe liegt somit auf dem Glastunnel auf.

2.5 Die Säule s_1 beginnt auf dem Parabelbogen und verläuft senkrecht zur x-Achse bis in den Punkt $C(8\,|\,7)$. Gesucht ist also zunächst die y-Koordinate des Punktes der Parabel, der den gleichen x-Wert wie der Punkt C besitzt. Die Länge der Säule s_1 ist dann die Differenz aus dem y-Wert des Punktes C und dem berechneten y-Werte.

Einsetzen von $x = 8$ in p: $y = -0{,}25x^2 + 2{,}5x - 1$ liefert:

$$y = -0{,}25 \cdot 8^2 + 2{,}5 \cdot 8 - 1 = -16 + 20 - 1 = 3$$

Länge der Säule s_1:
$7 - 3 = 4$

Die Länge der Säule s_1 ist $\underline{\underline{4\text{ m}}}$.

Aufgabe 3 – Trigonometrie

3.1 Um den Abstand der Finger vom Hals zu berechnen, betrachtet man das rechtwinklige Dreieck FEH. Gegeben sind die Hypotenuse $\overline{EH}$ und die Kathete $\overline{FE}$. Die gesuchte Länge der zweiten Kathete $\overline{HF}$ berechnet man mit dem Satz von Pythagoras.

Berechnung von $\overline{HF}$ mit dem Satz von Pythagoras im rechtwinkligen Dreieck FEH:

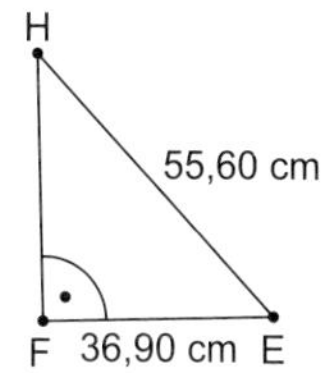

$$|\overline{EH}|^2 = |\overline{FE}|^2 + |\overline{HF}|^2$$

$$(55{,}60\text{ cm})^2 = (36{,}90\text{ cm})^2 + |\overline{HF}|^2 \qquad | -(36{,}90\text{ cm})^2$$

$$|\overline{HF}|^2 = (55{,}60\text{ cm})^2 - (36{,}90\text{ cm})^2$$

$$|\overline{HF}|^2 = 1.729{,}75\text{ cm}^2 \qquad | \sqrt{\ }$$

$$\underline{\underline{|\overline{HF}| = 41{,}59\text{ cm}}}$$

3.2 Der Beugungswinkel α befindet sich ebenfalls im rechtwinkligen Dreieck FEH. Er kann mit dem Kosinus, dem Sinus oder dem Tangens berechnet werden.

Berechnung von α mit dem Kosinus im rechtwinkligen Dreieck FEH:

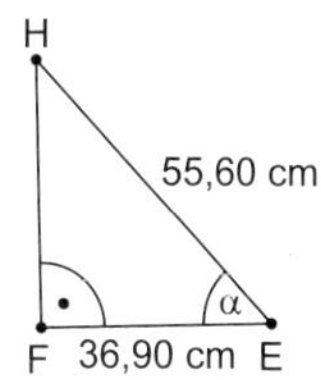

$$\cos\alpha = \frac{\text{Ankathete}}{\text{Hypotenuse}} = \frac{|\overline{FE}|}{|\overline{EH}|} = \frac{36{,}90\text{ cm}}{55{,}60\text{ cm}} = 0{,}66366\ldots$$

$$\underline{\underline{\alpha = 48{,}42°}}$$

Alternative Berechnung mit dem Sinus:

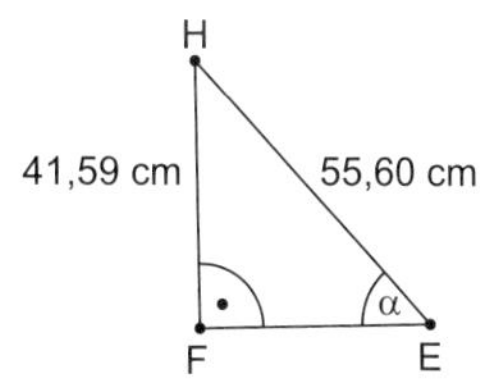

$$\sin\alpha = \frac{\text{Gegenkathete}}{\text{Hypotenuse}} = \frac{|\overline{HF}|}{|\overline{EH}|} = \frac{41{,}59\text{ cm}}{55{,}60\text{ cm}} = 0{,}74802\ldots$$

$$\underline{\underline{\alpha = 48{,}42°}}$$

Alternative Berechnung mit dem Tangens:

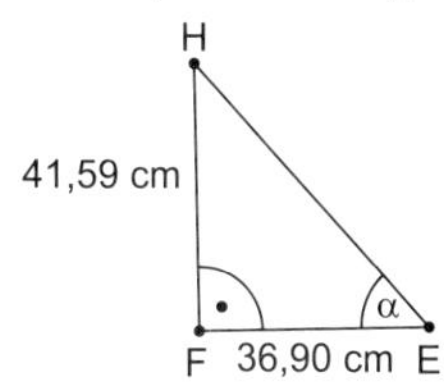

$$\tan\alpha = \frac{\text{Gegenkathete}}{\text{Ankathete}} = \frac{|\overline{HF}|}{|\overline{FE}|} = \frac{41{,}59\text{ cm}}{36{,}90\text{ cm}} = 1{,}12710\ldots$$

$$\underline{\underline{\alpha = 48{,}42°}}$$

3.3 Die Länge $\overline{GK}$ des Oberschenkels findet man im allgemeinen Dreieck GHK. Allerdings fehlt hier noch ein Winkel, um die Berechnung mithilfe des Kosinussatzes durchführen zu können. Da die Geraden EF und GH parallel sind, sind α und ∢KHG Wechselwinkel und daher gleich groß. Nach der Berechnung von ∢KHG sind im allgemeinen Dreieck GHK $|\overline{GH}|$, $|\overline{HK}|$ sowie der eingeschlossene Winkel KHG bekannt. Die gesuchte Länge des Oberschenkels $\overline{KG}$ wird mit dem Kosinussatz berechnet.

Berechnung von $\sphericalangle$ KHG:
Der Winkel α und $\sphericalangle$ KHG sind Wechselwinkel.
Somit gilt:

$\sphericalangle KHG = \alpha = 48{,}42°$

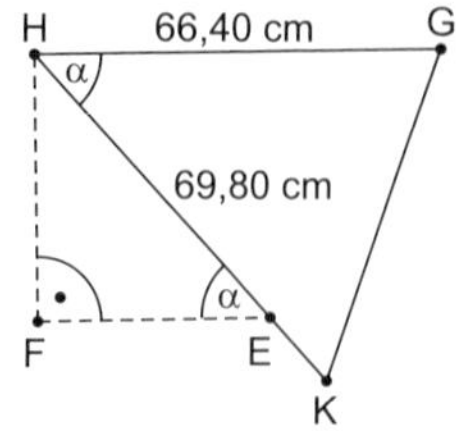

Berechnung von $|\overline{KG}|$ im allgemeinen Dreieck GHK mit dem Kosinussatz:

$|\overline{KG}|^2 = |\overline{GH}|^2 + |\overline{HK}|^2 - 2 \cdot |\overline{GH}| \cdot |\overline{HK}| \cdot \cos \sphericalangle KHG$

$|\overline{KG}|^2 = (66{,}40\text{ cm})^2 + (69{,}80\text{ cm})^2 - 2 \cdot 66{,}40\text{ cm} \cdot 69{,}80\text{ cm} \cdot \cos 48{,}42°$

$|\overline{KG}|^2 = 3.129{,}20\text{ cm}^2 \qquad |\sqrt{}$

$\underline{\underline{|\overline{KG}| = 55{,}94\text{ cm}}}$

3.4 Die Fläche des Dreiecks GHK kann mit dem Flächensatz für Dreiecke berechnet werden. Die Seiten $\overline{GH}$ und $\overline{HK}$ schließen den Winkel α ein.

Berechnung von $A_{\Delta GHK}$:

$A_{\Delta GHK} = \frac{1}{2} \cdot |\overline{GH}| \cdot |\overline{HK}| \cdot \sin \alpha$

$A_{\Delta GHK} = \frac{1}{2} \cdot 66{,}40\text{ cm} \cdot 69{,}80\text{ cm} \cdot \sin 48{,}42°$

$\underline{\underline{A_{\Delta GHK} = 1.733{,}45\text{ cm}^2}}$

3.5 Da die Länge des gesamten Skistocks $\overline{FS}$ das 4,6-Fache von $|\overline{AF}|$ ist, wird zunächst $|\overline{AF}|$ mit dem Sinussatz im Dreieck FEA berechnet. Dafür fehlt noch der Winkel β'. Die Winkel β und β' bilden einen gestreckten Winkel und ergänzen sich somit zu 180°. Die Länge des gesamten Skistocks ist dann das 4,6-Fache der Länge der Strecke $\overline{FA}$. Dieser Wert wird abschließend mit dem Wert der Tabelle (geeignete Skistocklänge für 192 cm) verglichen.

Berechnung von $\beta' = \sphericalangle FAE$:

$\beta' = \sphericalangle FAE = 180° - \beta = 180° - 77{,}84° = 102{,}16°$

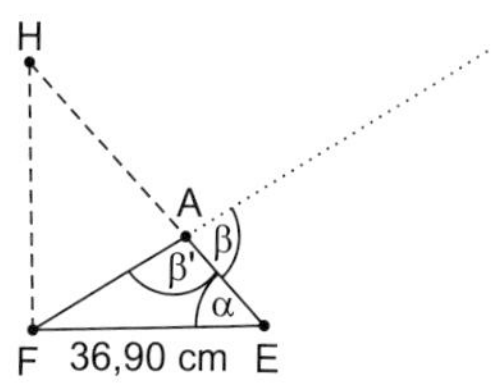

Berechnung von $|\overline{AF}|$ mit dem Sinussatz im allgemeinen Dreieck FEA:

$$\frac{|\overline{AF}|}{\sin \alpha} = \frac{|\overline{FE}|}{\sin \beta'}$$

$$\frac{|\overline{AF}|}{\sin 48{,}42°} = \frac{36{,}90\text{ cm}}{\sin 102{,}16°} \qquad | \cdot \sin 48{,}42°$$

$$|\overline{AF}| = \frac{36{,}90\text{ cm}}{\sin 102{,}16°} \cdot \sin 48{,}42°$$

$$|\overline{AF}| = 28{,}24\text{ cm}$$

Berechnung der Länge des gesamten Skistocks:

$|\overline{FS}| = 4{,}6 \cdot 28{,}24\text{ cm} = 129{,}90\text{ cm}$

Die Länge des Skistocks ist <u>nicht geeignet</u>, da Herbert 135 cm lange Skistöcke benötigt.

3.6 Ab einer Hangneigung von 30° besteht Lawinengefahr und Herbert möchte einen Hang mit einem Gefälle von 61 % fahren. Um eine Aussage darüber treffen zu können, ob an diesem Hang eine Lawinengefahr besteht, muss man berechnen, welchem Winkel die prozentuale Steigung von 61 % entspricht. Es gilt folgender Zusammenhang:
Gefälle in % = $\tan\varphi \cdot 100\,\%$

Berechnung des Neigungswinkels bei einem Gefälle von 61 %:
Gefälle in % = $\tan\varphi \cdot 100\,\%$

$$61\,\% = \tan\varphi \cdot 100\,\% \quad |:100\,\%$$
$$0{,}61 = \tan\varphi \quad |\tan^{-1}$$
$$\varphi = 31{,}38°$$

Der Hang, den Herbert fahren möchte, hat also einen Neigungswinkel von $\varphi = 31{,}38°$. Da dieser Winkel φ größer als 30° ist, würde theoretisch eine Lawinengefahr bestehen.

Alternative Lösungsmöglichkeit:

Alternativ kann man berechnen, welche prozentuale Steigung einem Neigungswinkel von 30° entspricht, und diese mit dem Gefälle von 61 % von Herberts Hang vergleichen.

Berechnung des Gefälles in % bei einem Winkel von 30°:
Gefälle in % = $\tan\varphi \cdot 100\,\%$
Gefälle in % = $\tan 30° \cdot 100\,\%$
Gefälle in % = $57{,}74\,\%$

Ab einer Neigung von 57,74 % besteht also Lawinengefahr. Da der Hang, den Herbert fahren möchte, mit 61 % eine größere Neigung hat, würde theoretisch eine Lawinengefahr bestehen.

Aufgabe 4 – Daten und Zufall

4.1 „Keine fortgeschrittene Schwimmfähigkeit" bedeutet, dass die Schülerin bzw. der Schüler Nichtschwimmer*in oder Anfänger*in ist. Bei der relativen Häufigkeit wird die absolute Häufigkeit ins Verhältnis zur Grundgesamtheit gesetzt. In diesem Fall wird die Anzahl der Nichtschwimmer*innen und Anfänger*innen (= Summe der 18 Nichtschwimmer*innen und 42 Anfänger*innen) ins Verhältnis zur Anzahl aller befragten Schüler*innen gesetzt.

$$h(E_1) = \frac{18+42}{200} = \frac{60}{200} = 0{,}30 = \underline{\underline{30\ \%}}$$

4.2 Im Kreisdiagramm entspricht die Kreisfläche 100 % und die Kreissektoren entsprechen den prozentualen Anteilen der Daten. Zunächst sind die relativen Häufigkeiten (Anteile) der verschiedenen Schwimmfähigkeiten zu berechnen. Die Größen der Mittelpunktwinkel der zugehörigen Sektoren sind dann die entsprechenden Anteile am Vollwinkel (360°).

Berechnung der Mittelpunktwinkel:

	absolute Häufigkeit	**relative Häufigkeit**	**Mittelpunktwinkel**
Nichtschwimmer	18	$\frac{18}{200} = 0{,}09$	$0{,}09 \cdot 360° = 32{,}4°$
Anfänger	42	$\frac{42}{200} = 0{,}21$	$0{,}21 \cdot 360° = 75{,}6°$
Fortgeschrittene	140	$\frac{140}{200} = 0{,}7$	$0{,}7 \cdot 360° = 252°$

Kreisdiagramm:

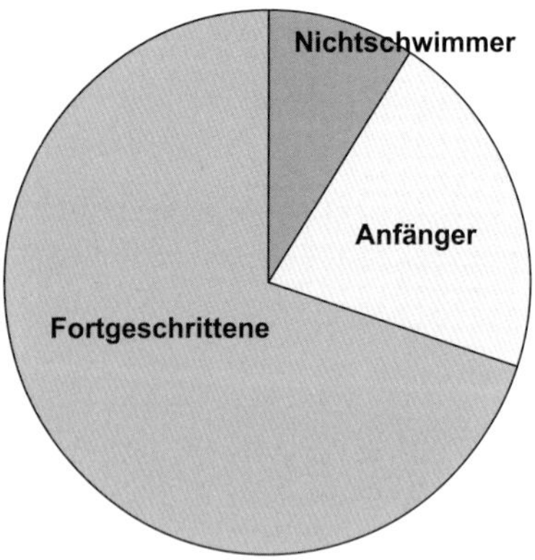

4.3 **Berechnung des arithmetischen Mittels $\overline{x}$:**

Alle Zeiten werden addiert und das Ergebnis durch die Anzahl der Teilnehmer geteilt.

$$\overline{x} = \frac{52{,}6+57{,}8+51{,}4+53{,}7+55{,}1+57{,}6+55{,}3+58{,}9}{8}\ s = \frac{442{,}4}{8}\ s = \underline{\underline{55{,}3\ s}}$$

Berechnung des Medians x_{med}:

Zunächst werden die Werte der Größe nach geordnet. Da eine gerade Anzahl an Daten vorliegt (8), ist der Median der Mittelwert der beiden in der Mitte liegenden Werte.

Der Größe nach geordnete Datenmenge (in s):
51,4 52,6 53,7 **55,1** **55,3** 57,6 57,8 58,9

$$x_{med} = \frac{55{,}1 + 55{,}3}{2}\,\text{s} = \underline{\underline{55{,}2\,\text{s}}}$$

4.4 Die dargestellte Situation kann als zweistufiges Zufallsexperiment aufgefasst werden:

- Am ersten Tag stehen 3 Lehrkräfte zur Verfügung. Das Baumdiagramm gliedert sich also in 3 Äste für Frau Sommer (S), Herrn Herbst (H) und Herrn Winter (W) auf. Laut Angabe werden die 18 Teilnehmer*innen gleichmäßig verteilt. Daher steht auf jedem Ast die Wahrscheinlichkeit $\frac{6}{18} = \frac{1}{3}$.
- Am zweiten Tag ist Herr Herbst krank und es gibt nur noch zwei Lehrkräfte zur Auswahl (S und W). Von jedem Knoten der 1. Stufe aus (auch von dem von Herrn Herbst, der am ersten Tag ja auch Schüler*innen betreute) gehen zwei Äste zu den beiden Lehrkräften, die Schwimmkurse anbieten. Da die Teilnehmer*innen wieder gleichmäßig verteilt werden, gilt für jeden dieser Äste die Übergangswahrscheinlichkeit $\frac{9}{18} = \frac{1}{2}$.

Baumdiagramm:

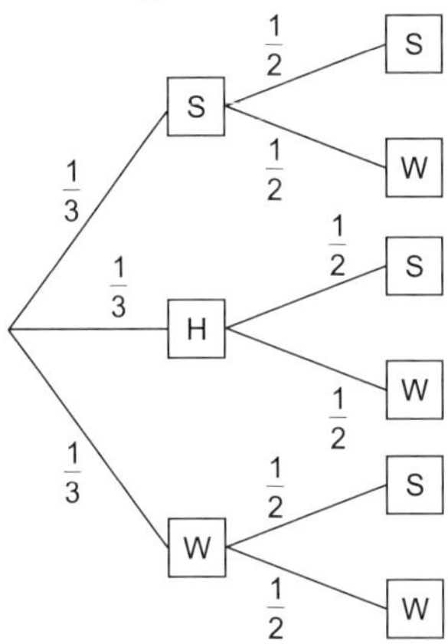

4.5 Zur Berechnung der Wahrscheinlichkeit muss man entsprechend der Produktregel dem obersten Pfad folgen und die Wahrscheinlichkeiten entlang des Pfads multiplizieren.

$$P(E_2) = P(SS) = \frac{1}{3} \cdot \frac{1}{2} = \frac{1}{6} = 0{,}1667 = \underline{\underline{16{,}67\,\%}}$$

4.6 „Höchstens einmal von Herrn Winter unterrichtet“ bedeutet, dass Herr Winter einmal oder gar nicht den Kurs leitet. Weil dies für alle Pfade außer WW zutrifft, bietet es sich an, mit dem Gegenereignis zu rechnen. Es wird also P(WW) berechnet und von 1 abgezogen.

$$P(E_3) = 1 - P(WW) = 1 - \frac{1}{3} \cdot \frac{1}{2} = \frac{5}{6} = 0{,}8333 = \underline{\underline{83{,}33\,\%}}$$

Aufgabe 5 – Raum und Form

5.1 Es ist die Grundfläche des kreisförmigen Zeltes bekannt. Über die Flächenformel des Kreises $A = r^2 \cdot \pi$ kann daher der Radius berechnet werden.

Radius des Zirkuszeltes:

$$A_{Kreis} = r^2 \cdot \pi$$

$$367{,}79\ m^2 = r^2 \cdot \pi \qquad |:\pi$$

$$117{,}07\ m^2 = r^2 \qquad |\sqrt{\ }$$

$$\underline{\underline{r = 10{,}82\ m}}$$

5.2 Um die Anzahl der Abspannseile herauszufinden, muss zunächst der Umfang des Kreises mit der Formel $u = 2r \cdot \pi$ berechnet werden. Da alle 80 cm = 0,8 m ein Abspannseil benötigt wird, muss der Gesamtumfang durch diesen Abstand von 0,8 m geteilt werden.

Umfang der kreisförmigen Grundfläche:

$$u_{Kreis} = 2r \cdot \pi$$

$$u_{Kreis} = 2 \cdot 10{,}82\ m \cdot \pi$$

$$u_{Kreis} = 67{,}98\ m$$

Abstand zwischen zwei Abspannseilen:

$$a = 80\ cm = 0{,}8\ m$$

Anzahl der benötigten Abspannseile:

$$\text{Anzahl} = \frac{u_{Kreis}}{a} = \frac{67{,}98\ m}{0{,}80\ m} = 84{,}98$$

Es sind $\underline{\underline{85}}$ Abspannseile nötig.

5.3 Das Zelt besteht aus einem Zylinder und einem Kegel. Zunächst ist das Volumen des zusammengesetzten Körpers zu berechnen. Da 10 m^3 Luft pro Besucher vorhanden sein müssen, muss das berechnete Gesamtvolumen noch durch 10 m^3 geteilt werden.

Volumen des Zylinders:

$$V_{Zylinder} = r^2 \cdot \pi \cdot h_Z$$

$$V_{Zylinder} = (10{,}82\ m)^2 \cdot \pi \cdot 4{,}50\ m$$

$$V_{Zylinder} = 1.655{,}07\ m^3$$

Höhe des Kegels:

$$h_K = 8\ m - 4{,}50\ m = 3{,}50\ m$$

Volumen des Kegels:

$$V_{Kegel} = \frac{1}{3} \cdot r^2 \cdot \pi \cdot h_K$$

$$V_{Kegel} = \frac{1}{3} \cdot (10{,}82\ m)^2 \cdot \pi \cdot 3{,}50\ m$$

$$V_{Kegel} = 429{,}09\ m^3$$

Gesamtvolumen des Zeltes:

$V_{Gesamt} = V_{Zylinder} + V_{Kegel}$

$V_{Gesamt} = 1.655,07\ m^3 + 429,09\ m^3$

$V_{Gesamt} = 2.084,16\ m^3$

Anzahl der maximal möglichen Besucher:

$$\text{Anzahl} = \frac{V_{Gesamt}}{10\ m^3} = \frac{2.084,16\ m^3}{10\ m^3} = 208,42$$

Zur Vorstellung können maximal 208 Besucher eingelassen werden.

5.4 Die Fläche der Plane entspricht der Mantelfläche des Kegels. Zur Berechnung der Mantelfläche braucht man zunächst die Länge der Seitenkante s. Im Querschnitt des Kegels ist s die Hypotenuse und kann mit dem Satz von Pythagoras berechnet werden. Anschließend kann die Fläche der neu zu bestellenden Plane mit der Formel $M = r \cdot s \cdot \pi$ ermittelt werden.

Berechnung der Seitenkante s mit dem Satz von Pythagoras:

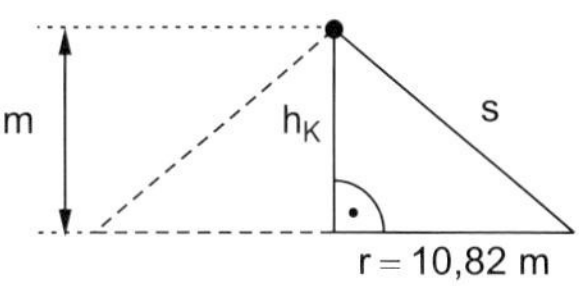

$s^2 = h_K{}^2 + r^2$

$s^2 = (3,50\ m)^2 + (10,82\ m)^2 \quad |\sqrt{\ }$

$s = \sqrt{(3,50\ m)^2 + (10,82\ m)^2}$

$s = \sqrt{129,32\ m^2}$

$s = 11,37\ m$

Berechnung der Mantelfläche des Kegels:

$M_{Kegel} = r \cdot s \cdot \pi$

$M_{Kegel} = 10,82\ m \cdot 11,37\ m \cdot \pi$

$M_{Kegel} = 386,49\ m^2$

5.5 Um die Länge von Seil 1 zu erhalten, wird zunächst s_1 mithilfe des Strahlensatzes berechnet. Das erste Verhältnis ergibt sich aus kurzer Parallele s_1 zu langer Parallele s_2. Das zweite Verhältnis ergibt sich aus kurzem Strahl a zu langem Strahl h. Die Höhen a und h ergeben sich aus den Differenzen der gegebenen Höhen (siehe Skizze).

Berechnung der Höhen a und h:

$a = 8\ m - 6,50\ m = 1,50\ m$

$h = 8\ m - 4,50\ m = 3,50\ m$

Berechnung von s_1 mithilfe des Strahlensatzes:

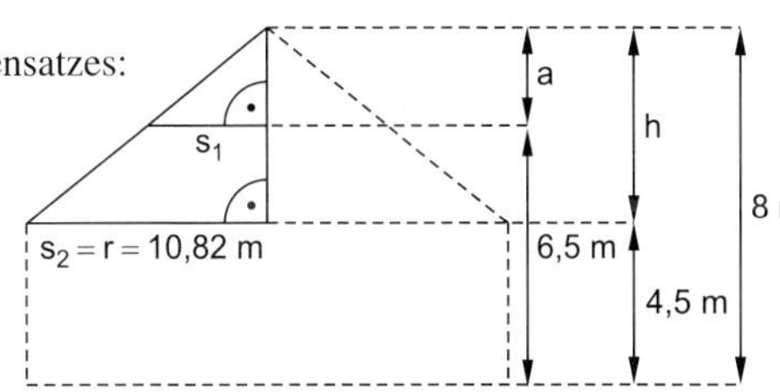

$$\frac{s_1}{s_2} = \frac{a}{h}$$

$$\frac{s_1}{10,82\ m} = \frac{1,50\ m}{3,50\ m} \quad |\cdot 10,82\ m$$

$$s_1 = 4,64\ m$$

Berechnung der Länge von Seil 1:

$2 \cdot s_1 = 2 \cdot 4,64\ m = 9,28\ m$